RECUEIL

DES PUBLICATIONS FAITES

SUR

LA CULTURE ET LA PRÉPARATION

DU TABAC.

BASSE-TERRE.

IMPRIMERIE DU GOUVERNEMENT.

1863.

RECUEIL

DES PUBLICATIONS FAITES A LA GUADELOUPE

SUR

LA CULTURE ET LA PRÉPARATION

DU TABAC.

On sait que le tabac ou pétun croissait naturellement dans les Antilles, à l'époque de leur découverte, et qu'il a été long-temps l'objet de la spéculation de ces pays. A défaut d'argent, il s'échangeait contre les marchandises de première nécessité. La canne est venue; la culture du tabac a commencé peu à peu à disparaître, jusqu'au moment où, on peut le dire, elle a été complétement abandonnée.

En raison de la tendance vers la culture de cette plante, qui se fait remarquer dans plusieurs communes, et notamment aux Trois-Rivières, nous croyons à propos de donner de la publicité aux documents suivants qui y sont relatifs. Le premier a près de 25 ans de date : c'est le résultat d'études faites dans notre colonie. Le second est dû à la pratique d'un propriétaire de la Havane, etc. La publication de ces documents pourra présenter quelque intérêt à ceux de nos planteurs qui range-ront le tabac dans la catégorie des cultures secondaires aux-quelles il est utile de rendre l'attention et les soins qu'elles ont depuis longtemps perdus.

NOTE SUR LA CULTURE DU TABAC.

Ses divers produits, et le mode de fabrication mis en usage à la Guadeloupe.

Originaire des Antilles, le tabac (nicotiana-tabacum latifolia. Linn.) s'y complait et croît spontanément dans toutes les loca-

lités et dans tous les terrains, même les plus arides ; les terrains sablonneux, peu riche en humus, et conséquemment les voisinages des bords de mer, semblent convenir plus particulièrement à la culture de cette solanée.

Je vais m'attacher d'abord à indiquer les points de la Guadeloupe où cette plante est l'objet d'une culture particulière, et ceux qui fournissent les meilleurs produits, me réservant ensuite de consacrer quelques lignes à développer les motifs dont je m'appuie pour démontrer l'avantage immense qu'il y aurait à encourager les habitants des îles des Saintes à se livrer aussi à cette culture.

En quels lieux de la Guadeloupe le tabac se cultive-t-il avec le plus d'avantage?

Partout à la Guadeloupe proprement dite, le tabac est cultivé par la population noire et la population blanche peu heureuse (1) (je regrette de ne pouvoir fournir aucun document sur la nature du tabac que produit la partie de la Grande-Terre d'où je n'ai jamais eu occasion de m'en procurer ; il doit être de fort bonne qnalité, le sol de cette moitié de l'île paraissant très-propre à cette culture ; les fabricants de la Pointe-à-Pitre donneraient à cette égard des renseignements utiles), mais plus spécialement dans les quartiers des Trois-Rivières et de la Capesterre. Le tabac que m'a fourni, pendant dix années consécutives au moins, le terrain de l'anse Saint-Sauveur de la Capesterre pouvait, à juste titre, être comparé à celui du Macouba, peut-être même lui était-il supérieur en qualité. Je m'empresse de faire ici une remarque que l'on sait du reste applicable à l'exploitation de toute denrée, c'est que les soins de culture ou le choix de terrain, et le mode de fabrication que l'on fait subir à la feuille de la nicotiane après sa récolte, ont une in-

---

(1) Cette exploitation rurale mériterait cependant de fixer l'attention de toutes les classes d'habitants, a cause des bénéfices attachés à sa culture : douze pieds de tabac bien venus devant former une carotte de cinq livres. dont la valeur est au moins de 5 francs, lorsque la denrée est de qualité passable.

— 5 —

fluence telle sur la nature des produits de cette solanée que tant
que feu M. Hullière, s'est occupé de ce genre de culture à l'anse
Saint-Sauveur où il habitait, les carottes qu'il pouvait fournir
(la nicotiane n'étant présentée au commerce de la Guadeloupe
que sous cette forme) étaient pénétrées d'un arôme particulier
qui me le faisait préférer pour fabriquer mon tabac en poudre
de première qualité, lequel s'exportait journellement et se con-
servait un et deux ans en bouteille sans que l'arôme qui le dis-
tinguait en éprouvât la plus légère altération.

M. Hullière avait rapporté de l'île Saint-Vincent son procédé
que voici : les plants de tabac arrivés à leur maturité (je par-
lerai ailleurs de la culture en général, des soins qu'elle réclame, du moment où il importe de couper le pied), et coupés
étaient portés dans la maison où ils étaient pendus à des cordes
afin de parvenir à la dessication ; quand les feuilles étaient entièrement fanées et tout à fait sèches, il attendait, pour les
mettre en carottes, que le temps fut décidément à l'humide,
brumeux ou pluvieux, pour que les feuilles s'emprégnassent
d'une certaine humidité qui devait remplacer la limonade (1),

(1) Il serait à souhaiter que l'on pu faire abandonner ce mode de
manipulation, qui consiste à arroser les feuilles de tabac avec une solution de mélasse, lequel, malheureusement est généralement adopté,
ainsi que je l'observais tout à l'heure, et certes il est des plus vicieux ;
cette manipulation communique, il est vrai, au tabac qui constitue la
carotte, une belle couleur noire susceptible de séduire certaines personnes ; ce faible avantage, si c'en est un, est le seul, car la grande
humidité dont les carottes ainsi préparées sont empreintes, favorise
une trop vive fermentation dont le résultat est de les promptement dé-
tériorer ; aussi préparées d'après ce procédé ne se conservent-elles
jamais plus d'un an, et pourtant, il est d'observation authentique que
pour obtenir à la fabrication des produits d'une certaine valeur et qui
se fassent remarquer et recommander par leur arôme, il convient que
la nicotiane vieillisse en carotte sept et huit ans et même douze ou
treize, les vers, c'est-à-dire des larves recouvertes de poils noirs très-
courts, lesquels se transforment en un petit inserte coléoptère qui est
un dermeste, envahissent les carottes qui ont ainsi vieilli et en sillon-
nent la surface sans les perforer, et sans que jamais (circonstance la
plus importante) le tabac s'en trouve le moindrement altéré ; c'est au

c'est-à-dire la solution de mélasse et d'eau, dont fort à tort les nègres et les blancs ne manquent jamais d'arroser les feuilles de tabac peu d'instants avant de former leurs carottes.

M. Hullière, par un temps brumeux ou pluvieux, s'occupait donc de la mise en carottes de sa nicotiane : il détachait les feuilles des tiges, les dépouillait de leurs côtes ou nervures moyennes, et les deux côtés de la feuille ainsi découpés étaient placés méthodiquement les uns à côté des autres, dans une pièce de toile, jusqu'à formation d'un rouleau du poids de cinq livres au moins (c'est le poids moyen de toutes les carottes offertes au commerce à la Guadeloupe); le reste de l'opération se pratiquait d'ailleurs comme le pratiquent toutes les personnes, qui s'adonnent à l'exploitation de cette denrée; il consiste à serrer le plus exactement et le plus fortement possible la carotte avec une corde de six lignes de diamètre et longue de

---

moins ce qui arrive quand il a été bien préparé ainsi que l'était celui de feu M. Hullière, de l'anse Saint-Sauveur; fort souvent avant de les mettre en consommation, j'ai eu à faire dépouiller de ces larves de dermestes les carottes de nicotiane que j'avais eu de M. Hullière, et les feuilles loin d'offrir le plus léger commencement de détérioration ne m'ont toujours fourni que des produits les plus parfaits; d'après cela, il est facile de se convaincre que le procédé de cet habitant est le meilleur et qu'il serait très-désirable qu'il fut le seul suivi dans la colonie.

Si l'on ajoute aux inconvénients qui tiennent au mauvais procédé d'arroser le tabac suivi par la plupart des personnes qui récoltent cette solané (la population noire et la blanche peu fortunée) ceux qui proviennent des localités où la plante de la nicotiane est séchée à la fumée (ils en suspendent en effet les pieds dans leur case, qui consiste en une petite maisonnette, couverte en paille ou chaume, sans cheminée, au millieu de laquelle est un âtre où ils préparent les aliments dont se compose leur nourriture, et laquelle par conséquent, est presque constamment pleine de fumée épaisse, qui empreint les feuilles de la nicotiane, mises au sec, d'une odeur fort désagréable, on concevra que le tabac de la Guadeloupe, ne pourra acquérir des qualités susceptibles de le faire entrer en concurrence avec les tabacs espagnols, tant que la population malheureuse ou au moins peu aisée, sera la seule à se livrer à ce genre d'exploitation rurale.

dix brasses (pour une carotte de cinq livres), dont les tours
sont rapprochés et accolés les uns aux autres d'un bout de la
carotte à l'autre; la carotte ainsi bien serrée est jetée dans un
coin de la maison, et au bout de trois jours on lui donne une
nouvelle serre, c'est-à-dire qu'on enlève la corde et qu'on la
réapplique en serrant de très-près; puis enfin à trois jours d'intervalle est donnée la troisième serre qui est ordinairement la
dernière; alors la carotte doit constituer un tout tellement
compacte et tellement homogène qu'il est de tout impossibilité
de l'ouvrir, en la tournant dans le sens contraire à celui selon
lequel elle a été serrée; le morceau de toile qui a servi de première enveloppe est alors aussi retiré et on lui substitue un
tissu végétal très-mince et très-fin qui n'est autre chose que
les gaînes corticales desséchées des feuilles du bananier (musa
paradisiaca. Linn.) lesquelles finissent par fortement adhérer
à la carotte qu'au bout de quelques jours, on verse ainsi confectionnée dans le commerce.

Pendant dix ans, j'ai, sans cesse, été l'acquéreur de tout le
tabac en carottes que pouvait émettre feu M. Hullière, et toujours aussi, je dois le déclarer, il a offert à la fabrique la
même supérieure qualité qui me le faisait rechercher : je le
payais également plus cher que les autres tabacs de la Guadeloupe; je ne pouvais l'obtenir à moins de 1 fr. 25 cent. la livre
en carotte, tandis que celui des quartiers des Trois-Rivières et
de la Capesterre, ne me revenait qu'à 60 centimes; quelquefois
il m'est cependant arrivé d'en rencontrer de fort bon, provenant de certains parages des Trois-Rivières, dont je donnais
1 franc et 1 fr. 25 cent., sans toutefois être comparable en tout
point à celui de feu M. Hullière. Cet habitant est mort en 1828,
et, dès lors, la nicotiane de l'anse Saint-Sauveur de la Capesterre n'a plus sontenu sa réputation; la qualité n'en a plus été
la même; elle est devenue inférieure, indubitablement parce
que l'on aura négligé de suivre son procédé que je suis d'autant
plus incliné à considérer comme le meilleur, qu'il se trouve
également être celui des Espagnols de la Havane, ainsi que le
démontrent d'une manière irrécusable les paquets de tabac qui

nous viennent de cette ile. Ils ont la forme d'un cône, et les feuilles d'où s'exhale l'arôme le plus agréable, sont tout à fait sèches et se réduisent en poudre entre les doigts.

Ayant été à même de juger par une expérience de plusieurs années durant lesquelles je me suis occupé de la fabrication de cette denrée, de la qualité des tabacs provenant de tous les points de la Guadeloupe proprement dite, je me crois autorisé à signaler les quartiers des Trois-Rivières et de la Capesterre, lesquels sont à mon avis, de première qualité, pour peu que l'on veuille adopter le procédé de feu M. Hullière, pour la mise en carottes.

Culture du tabac, ensemencement, etc., etc., l'originaire des Antilles et que l'on y cultive est la nicotiana atifolia rustica, de Linnée.

A la Guadeloupe on est dans l'habitude de semer dans une ou deux grandes caisses contenant de bonne terre une quantité de graines qui puissent produire autant de pieds que l'espace ou le terrain que l'on a à consacrer à cette culture est susceptible d'en recevoir; lorsqu'ensuite, au bout d'une quinzaine de jours, les petits plants de nicotiane ont trois ou quatre pouces de hauteur, on les transplante dans la terre que l'on y destine, en laissant entre chaque pied un mètre carré d'intervalle; on a le soin d'enfoncer autour de ces jeunes plantes trois ou quatre feuilles larges et coriaces d'un premier arbre venu, lesquelles doivent se conserver trois ou quatre jours et les protéger durant cette première période critique contre l'influence solaire qui ne manquerait pas de les faire périr sans cet abri; si, durant les premiers jours qui suivent la transplantation, il ne pleut pas, il importe d'arroser les jeunes plantes une ou deux fois le jour, le seul soin ensuite, lorsqu'elles sont en pleine végétation, consiste à les visiter tous les matins, mieux même deux fois par jour pour rechercher une chenille qui envahit les jeunes pieds de nicotiane à cette époque de leur végétation, et menace de découper, dans une seule nuit, les feuilles en lanières, si elle vient à échapper aux regards du cultivateur. Cette chenille, parvenue à son entier développement, est assez grosse (deux lignes de diamètre dans son milieu), longue de trois pouces, et compte treize anneaux d'un vert tendre dégénérant en jaune clair vers la partie supérieure du dos; elle se fait encore remarquer par ses bandes blanches étroites qui se dessinent obliquement sur les côtés du corps et font un assez joli effet : on les prendrait pour autant de reflets de lumière. Après s'être métamorphosée en une chrysalide d'une couleur brune, cette chenille donne un large papillon d'une couleur encore uniformément brune, à antennes filiformes dont les ailes, lesquelles se recouvrent horizontalement, comme dans les noctuelles et les sphinx, représente un large triangle dont le sommet répond à la tête de l'insecte. La voracité désespérante de cette chenille fait vivement désirer la découverte d'un moyen de préserver les pieds de nicotiane de son invasion; le seul que l'on connaisse, est celui que j'ai tout à l'heure indiqué; il faut donc ne jamais manquer à écheniller une fois le jour au moins les jeunes pieds de nicotiane. La plante ayant reçu tout son accroissement, et la végétation étant à son summum d'activité, l'extrémité de la tige ne tarde pas de montrer le paquet de petits boutons qui doivent donner naissance aux fleurs : c'est justement cette partie destinée à former le panicule de fleurs qu'il s'agit actuellement de retrancher de l'extrémité de la tige; on la coupe avec les ongles, on l'étête, pour me servir du langage du pays, dans le but (fort judicieux) d'empêcher que les sucs nourriciers ne soient dépensés pour l'achèvement de l'acte inutile de la floraison; l'on facilite ainsi la direction de ces sucs vers les feuilles, seules parties essentielles du végétal sur lesquelles on veut concentrer tous les bénéfices d'une active végétation. Quand elles en ont été saturées ou, en d'autres mots, quant la plante est arrivée à sa maturité, ce qui a lieu un mois environ après la section des boutons floraux, et ce que l'on connaît à ce que la feuille perd de sa verdeur, qu'elle tend à passer au jaune, et qu'enfin, en la ployant légèrement entre les doigts, elle se casse net, c'est-à-dire que la côte ou nervure médiane et le limbe se brisent nettement, en demeurant toutefois adhérents au reste de la feuille, le moment est alors venu de couper les pieds de nicotiane à deux ou trois pouces de terre, ménageant la partie inférieure de la tige. Les pieds coupés, on les laisse une heure au soleil s'il est ardent, et deux heures dans le cas contraire; puis ils sont portés dans la maison où on les suspend, l'extrémité supérieure de la tige dirigée en bas : le reste de l'opération s'effectue comme je l'ai ailleurs décrit en parlant du procédé de M. Hullière.

Le pied coupé à trois pouces de terre, il sort bientôt de l'extrémité inférieure de la tige que l'on a respectée, de nouvelles feuilles que l'on nomme tabac de rejetons, ce qui prouve deux récoltes de tabac par an; le même pied à la Guadeloupe ne peut subir cette opération qu'une seule fois, et il convient, pour conserver la qualité de la nicotiane, de planter de nouveaux pieds tous les ans. Aux Saintes, on a vu des plants de nicotiane supporter sept ou huit fois cette résection et continuer de produire des feuilles sans cesse belles et larges : ce qui me semble provenir de deux causes, ou de ce que le terroir est, en raison de sa composition chimique, plus approprié à la culture de cette solanée, ou de ce qu'il est plus neuf et plus riche en principes qu'affectionnent les jeunes plantes de nicotiane, qu'à la Guadeloupe, où la culture de la canne à sucre l'use d'une manière singulière.

Fabrication du tabac en poudre.

Voici comment je manipule le tabac, avant de le pulvériser : les carottes, à ce destinées, sont d'abord introduites dans une sorte d'auge en bois, où on les rompt au moyen d'un pilon très-pesant; ainsi triturées durant quelques instants, les carottes s'ouvrent, et l'on en éparpille les feuilles sur de large plateaux en bois munis d'un bord de trois ou quatre pouces d'élévation que l'on expose au soleil; une fois bien desséchées, ce que démontre leur pulvérisation facile entre les doigts qui les pressent, le moment est arrivé de les porter au moulin; le mécanisme de ce moulin est fort simple : une roue extérieure à godets mue par l'eau, meut à son tour une roue située en dedans de la fabrique, laquelle élève incessamment quatre ou six pilons (1) qui frappent dans des auges en bois, où l'on projette le tabac à pulvériser ; ces auges sont garnies d'une soucoupe ou cul-de-lampe en fer, sur laquelle porte la base des pilons, laquelle est convexe et armée d'une plaque en fer également convexe, et épaisse de quatre lignes.

La feuille de nicotiane réduite en poudre grossière par l'action continuel des pilons, on la recueille pour la passer au tamis : ce tamis est en fils de laiton d'un tissu très-fin, c'est une véritable toile métallique dont la trame est très-serrée, et n'admet tout au plus que l'extrémité d'une épingle fine ; du reste ces tamis, que nous achetons à la Pointe-à-Pitre, nous viennent tout confectionnés de France.

Toutes les fois que j'avais dans mes greniers de la nicotiane de qualité supérieure, telle que celle de feu M. Hullière, de l'anse Saint-Sauveur, je la soumettais à la pulvérisation pure et sans mélange, et le tabac en poudre que j'en retirais était le meilleur de ma fabrique ; il valait 5 francs la bouteille. Toutefois, pour la fabrication de seconde qualité et de consommation usuelle, nous mettons une partie de tabac de Virginie (lequel nous coûte beaucoup moins que celui de la Guadeloupe) sur deux de tabac de la Guadeloupe.

Le tabac passé au sas forme une poudre très-fine qu'il s'agit actuellement d'humecter pour déterminer une fermentation particulière d'où résulte le développement du principe âcre et volatile que l'on recherche dans cette poudre à laquelle on souhaite surtout beaucoup de montant. Cette humectation s'opère de la manière suivante : une certaine quantité de nicotiane en poudre est disposée en tas sur une table, absolument comme le pratique le boulanger qui va manipuler sa farine ; l'on y fait

---

(1) Le bois que l'on emploie pour la confection des pilons, est le bois d'inde (c'est le myrtus pimenta de Linn) arbre de la famille des myrtées, très-connu dans le pays, par l'arôme de ses feuilles et de ses baies qui pourrait bien remplacer au besoin celles de genièvre et les clous de girofle, ce bois, dis-je, est le plus dûr, conséquemment le plus oard que nous ayons aux Antilles.

un trou et l'on y verse assez d'eau de mer pour seulement humecter toute la masse que l'on malaxe ensuite, afin de répartir également cette eau dans toutes les parties de la poudre; il est essentiel d'en préparer d'avance une petite quantité qui fait l'office de ferment et que l'on ajoute à la masse (il à la propriété de hâter la préparation et de la rendre plus complète) ou de conserver une petite quantité du tabac le plus récemment préparé; dans trois jours, toute la masse s'est enrichie des produits d'une fermentation spéciale déjà mentionnée, et elle s'est empreinte du montant auquel les fabricants reconnaissent le *tabac fait*. Ce tabac, en général très-humecté, ne peut se conserver plus de quinze jours; au bout de ce temps, tous les principes volatils se sont dissipés et la poudre est tout à fait inerte.

Le tabac que l'on réserve à l'exportation, ou au moins celui de première qualité que l'on désire voir se conserver longtemps, doit être peu humecté, de manière à ce que la fermentation s'effectue lentement dans la bouteille où la poudre n'en sera jamais foulée, si l'on veut n'en pas hâter la décomposition.

Quant aux cigares, je ne puis en rien dire, ne m'étant jamais occupé de cette fabrication; M. Urion à la Pointe-à-Pitre est le seul dans la colonie qui en fournisse d'assez généralement estimé, son procédé est sans doute bon.

Avantage qui serait attaché à la culture de la nicotiane aux Saintes.

Une population de douze cents âmes, répandue sur les îlots de l'archipel des Saintes, s'y occupe de pêche, de l'éducation de quelques bêtes à cornes et fournit d'intrépides marins au cabotage de la Guadeloupe; le café le manioc, le maïs et quelques plantes légumineuses y sont l'objet d'une culture pénible, peu productive, et tous les habitants sont généralement dans un état voisin de la misère, contents de peu, ou incapables, à ce qu'il paraît, de calculer les bénéfices qui résulteraient pour eux de la culture de la nicotiane, en grand, dans un sol sulfureux, volcanisé et riche en principes qu'aime cette solanée, qu'ils ont toujours négligé de cultiver. Je me suis inutilement, à diverses époques, plu à leur prouver de la manière la plus claire possible, combien il leur serait avantageux de planter la nicotiane dans les mille points incultes de nos îles, où cette plante viendrait à merveille et où tout autre végétal ne réussirait pas : ou ils ne m'ont pas compris, ou ils n'ont pas voulu me comprendre.

Ignorants qu'ils sont des moyens seuls susceptibles d'améliorer leur sort, et de les retirer pour toujours de l'état de misère dans lequel ils gémissent, et nullement disposés (ainsi que cela se remarque chez les peuples ou les peuplades peu avancés en civilisation), à faire plus que n'ont fait leurs pères, il n'y aurait, ce me semble, qu'un seul remède à opposer à cette funeste démoralisation ou à cette fâcheuse insouciance dans laquelle ils continuent de vivre ; ce serait de parler à leur intérêt personnel (puissant levier moral), en proposant une ou deux primes d'encouragement pour ceux qui dans l'année planteraient en tabac le plus de terre inculte, et exposeraient les meilleurs produits ; certes, leur insouciance ne tiendrait pas contre un pareil moyen et l'on rendrait un signalé service à cette intéressante population que l'amour seul de la patrie peut retenir sur des îlots où la vie la plus laborieuse leur rapporte, à peine, le nécessaire.

Il est étrange, sans doute, qu'il me soit permis de faire cette réflexion, qu'il faille toujours offrir des récompenses à une population, quand on veut la déterminer à embrasser la culture d'un végétal utile ; c'est ainsi qu'en France, au centre de toute civilisation, durant les années 1815, 1816, 1817, sans les primes attachées à l'exploitation rurale du plus précieux tubercule du règne végétal, de la pomme de terre (solanum tuberosum), on ne serait peut-être pas aussi promptement parvenu à décider une population alors malheureuse, manquant de tout, et mourant de faim, à donner ses soins à la culture d'une plante qui devait la sauver de la famine qu'elle défierait à l'avenir, et la défendre à jamais contre le plus affreux des fléaux, qui puisse affliger un grand peuple.

Aux Saintes, le 15 février 1855.

Le Commandant du quartier, GRIZEL SAINTE-MARIE.

CULTURE ET PRÉPARATION DU TABAC
A L'ILE DE CUBA.

1° Quels sont les positions, les terres, les engrais les plus favorables à ces cultures?

Les tabacs renommés dans ce pays sont ceux que l'on appelle de la Vuelta Abajo; les terres sont placées au sud des grandes montagnes, elles sont noires et légères entremêlées d'un sable extrèmement fin, semblable à celui que roulent les ruisseaux qui les arrosent; le fumier de vaches est le plus propre à leur engrais, mais on s'en sert très-rarement et à tort.

2° L'époque de l'année la plus propice pour faire les semis?

La semence se jette ordinairement dans le mois d'août; les habitants ont coutume de faire deux ou trois semis à 12 ou 15 jours de distance, pour le cas où il s'en perdrait quelques grains par suite de l'abondance des pluies ou de la sécheresse. Ordinairement ces semis se font dans les bois sur une partie de terrain que l'on nettoie, et l'on sème de la même manière qu'on le fait en France pour la salade.

3° Comment fait-on ces semis?

Pendant que la pépinière croît, on prépare la terre destinée à la récolte du tabac; on y passe deux fois la charrue et on fait des sillons à un pied et demi ou deux pieds de distance l'un de l'autre.

4° L'époque de la transplantation?

Quand la pépinière est à la hauteur de 5 ou 6 pouces, et qu'il fait un temps humide, on arrache les pieds et toujours les plus grands et profitant de la rosée du soir ou du matin, on les plante sur les côtés des sillons à un pied ou un pied et demi l'un de l'autre; cela s'effectue généralement à la fin de septembre ou au commencement d'octobre en ayant soin de remplacer ceux qui viendraient à se perdre. Au bout de 15 jours ou un mois que le terrain commence à se couvrir de mauvais herbes, il faut sarcler la plantation; on doit le faire deux fois pendant le temps de sa croissance; il faut aussi surveiller conlinuellement quatre ou cinq espèces d'insectes qui font des trous aux feuilles et d'autres qui sont au tronc de la plante et qui la détruisent; ce sont deux ou trois espèces de limaçons et de papillons, il y en a qui ne font leurs dégâts que la nuit; on profite de la clarté de la lune pour les détruire.

5° Les soins qu'exigent les jeunes plantes jusqu'à la parfaite maturité des feuilles?

Quant la plantation à un mois ou un mois et demi et que la plante croît vigoureusement, il faut la couper d'en haut en ne lui laissant que 8 ou 10 feuilles qui, par cette opération, prendront plus de force croissante et s'élargiront davantage; cette coupe est tout à fait indispensable.

6° L'epoque pour les récoltes? — 7° La manière de les sécher? — 8° La manière de faire sécher et préparer les feuilles pour les mettre en cigares, carottes et andouilles?

C'est ordinairement en décembre, quelquefois plus tôt ou plus tard que se fait la récolte du tabac suivant que la saison est propice; on connaît que les feuilles sont en maturité quand elles commencent à se rétrécir et à se griffer; alors on les coupe de deux en deux et on les croise sur des perches de 4 et 1/2 vares de long; une fois la perche chargée d'un bout à l'autre, on la transporte le soir à la maison de tabac qui est une case destinée à le faire sécher; cette cabane a ordinairement 30 pieds de hauteur et 36 de longueur ou plus, suivant la récolte que l'on a coutume de faire; elle contient ainsi de mille à deux milles perches de tabac; elle est couverte du haut jusqu'à terre de feuilles de palmier, de manière que le soleil n'y pénètre pas; il faut avoir soin que les perches soient un peu séparées les unes des autres; s'il pleuvait beaucoup, il faudrait faire des ouvertures dans les côtés de la case pour que l'air y pénètre et empêche que trop d'humidité ne gâte les feuilles; quand elles sont sèches, ce qui se connaît lorsque la côte du milieu de la feuille n'est plus verte, alors par une température humide, quand le tabac a de la souplesse, on descend les

perches les plus sèches, et l'on place le tabac dans une espèce
de caisse que l'on forme avec les côtes de branches de palmier ;
ces caisses carrées contiennent trois ou quatre cents perches
de tabac. Pour donner plus de forces au tabac, on a vu des
cultivateurs qui mettaient pourrir de petites feuilles ou rebuts
de tabac dans un baquet d'eau et avec une éponge arrosaient
très-légèrement le tabac au fur et à mesure qu'ils le plaçaient
dans les caisses ; c'est là qu'il éprouve une fermentation douce
où il acquiert sa force et son arôme ; on peut le conserver dans
ces caisses tout le temps que l'on veut parce qu'elles sont recouvertes de palmiste ; quand il s'est bien refroidi dans ces
caisses au bout de trois semaines, un mois, on ouvre ces
caisses par un temps humide et on choisit le tabac ; cette opération se fait en coupant les feuilles du tronc qui les tient, puis
on les étend avec les mains, et l'on fait trois ou quatre sépéra-
tions, en ayant soin que toutes les feuilles de la même qualité
aillent ensemble ; on a coutume ici de lier par le pied 25 ou
30 feuilles ensemble des plus grandes, quatre de ces paquets,
attachés ensemble, forment une poupée de 100 à 120 feuilles,
et 80 de ces poupées forment un suron ; pour les qualités plus
inférieures on y met plus de feuilles.

Pour faire les surons on plante quatre pieux en terre formant un carré long, à 2/3 de vares de largeur et 3/4 de longueur, c'est-à-dire deux de chaque côté ; ces pieux sont d'une
vare de hauteur, c'est ce qu'on l'on appelle le moule des ballots, on prend quatre grandes côtes de feuilles de palmier que
l'on tient à l'humidité pour qu'elles aient de la souplesse ; on
en place deux par terre entre les pieux se croisant un peu par
le miliéu et une de chaque côté ; c'est là que l'on place 13 poupées d'un côté et 13 poupées de l'autre, en les aplatissant avec
les pieds afin qu'elles puissent se placer en croisant les pointes,
ensuite on en place 14 de chaque côté et 13 en haut, ce qui
donne les 80 poupées qui composent le suron ; on forme alors
le suron en doublant les feuilles de palmier des côtés et ensuite
celles des pointes par dessus et on les serre fortement avec des
cordes de majagua.

Le tabac ainsi conservé dans les balles éprouve encore une fermentation et, quand il est sec, on ouvre le suron pour en faire des cigares; on délie les poupées, on les secoue bien et l'on trempe le tabac dans l'eau; après cela on le secoue encore fortement pour en faire sortir l'eau qui serait en trop grande abondance et on le place dans des barils destinés à cet usage; quand il est presque sec, on lui enlève la côte du milieu et on l'entortille en cigares.

On ne fait à Cuba ni carottes, ni andouilles, ni râpé.

Signé **POMEY**,
Propriétaire à la Vuelta de Abajo.

CULTURE ET PRÉPARATION DU TABAC
dans la province de Varinas (Vénézuéla).

Pépinières du tabac.

Le tabac veut une terre grasse et humide. Orituco a du sable mêlé avec le terreau, et produit le meilleur tabac, Il se reproduirait par sa graine; mais, dans les plantations du roi, on fait des pépinières qui demandent une terre riche, où les eaux ne croupissent point, car les semences pourriraient au lieu de pousser. Le temps qu'on choisit pour ces semailles est depuis le mois d'août jusqu'en novembre. Le premier soin est d'empêcher, par de bons entourages, que les animaux n'entrent dans les pépinières. Après avoir fini de semer, on arrose le terrain, et cette opération est répétée autant de fois que le défaut de pluie la rend nécessaire. Les herbes qui poussent avec le tabac lui sont très-nuisibles; on les arrache avec les doigts, ayant l'attention de ne point offenser le jeune plant. Souvent on est obligé d'ensemencer une seconde fois tout le terrain; mais on l'est toujours de jeter de nouvelles semences dans les parties où le plant n'est pas sorti. Il est très-rare que celles qu'on a jetées la première fois ne laissent de grands vides. Au bout de quarante ou cinquante jours, le tabac est bon à transplanter.

Plantation.

En attendant, on dispose la terre destinée à la plantation. On l'ameublit assez pour que les pluies puissent facilement dissoudre les sels, provoquer la fermentation, et faire pousser au tabac de beaux jets et de longues racines. Lorsque le moment de planter est venu, on arrache le jeune plant avec toute la précaution possible, évitant surtout l'ardeur du soleil et le froissement dans le transport. Si le temps est sec, il convient de bien arroser la veille la pépinière, afin que les jeunes plants aient plus de fraicheur lorsqu'on les arrache, et soient plus disposés à la nouvelle germination.

Le tabac se plante sur des lignes séparées de trois pieds et demi. Les trous se font à la distance de deux pieds dans les terres élevées, et d'un pied et demi dans les plaines. Ils doivent être faits deux jours avant de faire la plantation, parce que, dans cet intervalle, tout principe nuisible a le temps de s'exhaler, et la pluie y dépose l'eau nécessaire à la fertilisation.

Le plant doit être mis avec beaucoup de précaution dans le trou. On doit éviter, non-seulement d'endommager ses tendres racines, mais encore que la terre qui y reste attachée en l'arrachant, ne s'en détache. On divise les mottes de terre trop dure qui pourraient offenser la jeune plante, et on forme le trou de manière que l'eau ne puisse pas y séjourner. Sans cette attention, la plante du tabac périrait.

Il est bon de couvrir la plante avec une feuille de bananier ou autre chose semblable. Par ce moyen, on garantit le tabac de l'ardeur du soleil et des averses, qui ne lui seraient pas moins préjudiciables. Quatre jours après, on le découvre pour remplacer les pieds qui, par la faute du planteur ou pour toute autre cause, n'auraient pas pris.

On plante à toute heure du jour, pourvu que le temps soit couvert, sans cela on ne plante qu'à la fraicheur du matin et du soir.

Sarclaisons.

Après toutes ces précautions, il faut prendre celle de sarcler la plantation autant de fois que les herbes l'indiquent. Rien ne rontribue plus à faire bien venir le tabac, que de le tenir net. Aussitôt que le pied du tabac a acquis une certaine consistance, il cherche à se débarasser de ses premières feuilles, qui annoncent elles-mêmes, par leur dessèchement, qu'elles sont nuisibles à la plante. La nature demande, en ce cas, que la main du cultivateur la seconde.

Vermine du tabac.

Dès l'âge le plus tendre, le tabac est attaqué par plusieurs espèces de vers. Il périrait infailliblement, si l'homme ne le défendait contre ces ennemis destructeurs. Comme chacun de ces vers fait ses ravages d'une manière différente, le premier moyen de les prévenir est de s'appliquer à les bien connaître.

La défaillance de la plante indique qu'elle est attaquée par les vers qu'on appelle de *Canne*. Ils se logent dans la sommité de la tige; il suffit d'en ouvrir les feuilles pour les trouver. On coupe même, jusqu'à la partie saine, tout ce qui a été offensé par les vers. Il pousse un nouveau bourgeon qui, avec du soin, forme un pied de tabac passable.

Le ver *rosca*, ou tordu, ne fait ses attaques que de nuit. Dans le jour il se cache sous terre. Une couche de piquants mise au pied du tabac est le meilleur piége qu'on puisse lui tendre.

On croit que l'insecte auquel les gens du pays ont donné le nom de *punaise volante,* nuit au tabac par une sorte de transpiration corrosive, qu'il dépose sur la plante. On voit le tabac dépérir insensiblement, et ne reprendre que lorsqu'on l'a débarrassé de son ennemi.

Il y a une espèce de papillon, que les Espagnols du pays appellent *palometa*, qui cause de grands dégâts au tabac. Il s'éloigne très-vite pendant la chaleur; mais l'humidité du matin l'engourdit, et le rend facile à tuer.

Le puceron est presque imperceptible; il perfore le bourgeon et fait périr la plante.

Une espèce de scarabée, appelée dans le pays *arador,* assez ressemblant au ravet, pénètre la terre, et se nourrit des racines du tabac qu'il fait mourir promptement.

Mais il n'y a point d'insecte que le tabac ait autant à redouter que le *ver à corne*. Une nuit lui suffit pour dévorer une feuille de tabac, quelque grande qu'elle soit.

Le catalogue des vers destructeurs du tabac pourrait être considérablement augmenté; mais je crois en avoir fait connaître assez pour donner une idée de la vigilance que cette plante exige du cultivateur.

Croissance du tabac.

Bientôt la plante s'élève et forme à la sommité un bourgeon vers lequel la sève prendrait sa direction si l'on y remédiait. Le moyen qu'on emploie avec succès est de couper le bourgeon avec les doigts. Le pied de tabac est alors de la hauteur d'un pied et demi. On répète cette opération lorsqu'il est à celle de . trois pieds. Il y en a qui la répètent jusqu'à trois fois; mais c'est rare. On coupe en même temps tous les jets, toutes les branches qui enlèvent la substance nutritive des feuilles. L'expérience a prouvé que les branches ou rejetons qui poussent à la tige rendent le tabac amer et retardent la récolte.

Signes de sa maturité.

Par ces procédés, le pied du tabac devient touffu et prend peu à peu une couleur entre le bleu et le vert, signe de l'approche de la maturité. On connaît qu'il est mûr à une petite tache bleuâtre qui se forme au point où la feuille tient à la tige: c'est ordinairement en décembre.

Toutes les feuilles ne sont pas mûres à la fois, parce que la sève ne s'est pas également répartie sur tout le pied du tabac.

On ne cueille que les feuilles dont la couleur indique la maturité. Les autres sont encore sans suc essentiel et ne donneraient qu'un tabac sans saveur. On continue et on répète la récolte selon que l'on aperçoit des feuilles mûres.

Précautions pour le cueillir.

Il importe infiniment à la qualité du tabac qu'il ne soit cueilli que dans le moment où le soleil est dans sa force, sur l'horizon ; car toute rosée, toute humidité étrangère, altèrent, par la fermentation, ses principes constituants, et rendent nuls les bienfaits qu'il a reçus jusqu'alors de la nature et ceux qu'il avait à espérer d'une préparation méthodique.

A mesure qu'on cueille les feuilles mûres, un en fait des tas de vingt à vingt-cinq qu'on pose entre les rangs des pieds du tabac. Des ouvriers les ramassent, les arrangent sur des nattes et les couvrent pour les garantir du soleil, et les transportent ainsi à la fabrique.

Les Espagnols de la Terre-Ferme donnent à leur tabac deux sortes de préparations ; l'une s'appelle *cura seca* ou préparation à sec ; l'autre, *cura negra* ou préparation noire. Elles ne diffèrent que par la fermentation qu'on provoque dans le tabac soumis aux procédés de la préparation noire. Elle a pour objet d'en obtenir un jus très-apprécié dans le pays. Cette opération fait noircir le tabac. C'est ce qui a fait donner la qualification de noire à cette manière de le préparer.

Préparation du tabac à sec, ou *cura seca*.

Aussitôt que le tabac arrive du champ aux bâtiments destinés à sa préparation, on le divise par petits paquets qu'on met séparément à l'ombre jusqu'au lendemain.

Après vingt-quatre heures, on suspend, sous les hangars et sur des barres, les feuilles de tabac de deux en deux, si c'est en hiver, et de quatre en quatre, si c'est en été. Ce procédé a pour but de faire perdre, par le contact de l'air, au tabac sa tension et sa couleur verte, pour lui en substituer une jaune et lui procurer une suavité qui le rend plus flexible. En temps de pluie, il lui faut trois jours pour passer à cet état, et quelquefois quatre ; mais si le temps est sec, deux jours lui suffisent.

Dès que le tabac a pris la couleur et la suavité dont il a été parlé, on le descend sans l'entasser, de peur qu'il ne s'échauffe, et on lui enlève la côte depuis la pointe jusqu'à quatre pouces de la partie qui unissait la feuille à la tige. Cela se fait avec les doigts et avec la précaution nécessaire pour que la feuille ne s'endommage point. On met les feuilles qui ont subi ce procédé d'un côté, et le tabac avarié et les côtes d'un autre, sans les mettre en tas, parce que jusqu'ici on a à craindre l'échauffement.

En même temps, on fait de ces feuilles des cordes qu'on divise en pelotons de soixante-quinze livres, qui, après la préparation, se réduisent à vingt-cinq livres. Tout ceci **exige** beaucoup de célérité, parce que les feuilles peuvent sécher, et présentent alors plus de difficultés pour leur ôter la côte et pour les tordre. Ainsi, pour peu qu'on retarde ou qu'on ralentisse l'opération, on sera fort heureux d'avoir du tabac de la seconde qualité.

L'intérieur de la corde se fait, comme les cigares, de feuilles brisées ou avariées qu'on recouvre d'une bonne feuille. Dès que la boule est de la grosseur qu'il la faut, on la fait de nouveau, afin que la partie qui la terminait devienne le noyau de la nouvelle boule. C'est ainsi qu'on prévient qu'elle ne se détorde.

On doit déjà avoir formé une couche de l'épaisseur de plus d'un pied avec des feuillages couverts de tout le tabac avarié. C'est là-dessus qu'on met les boules de tabac, à côté l'une de l'autre. On les couvre des mêmes feuillages qn'on assujettit avec des poids ou des cuirs. Tout cela doit se faire à l'ombre et sous des hangars, car on doit éviter le soleil et la pluie.

On laisse fermenter le tabac pendant quarante-huit heures, s'il était trop sec lorsqu'on lui a enlevé la grosse côte; et seulement vingt-quatre heures, s'il était à son point; puis on le roule de nouveau, pour que ce qui se trouve à l'extérieur en devienne le centre, et cependant on l'arrose légèrement. Cette **petite** quantité d'eau est destinée à aider à la fermentation. On remet les boules de tabac à fermenter, et on les laisse dans **cet état** vingt-quatre heures seulement si, la première fois, on les avait laissées quarante-huit heures, et *vice-versâ*.

Lorsqu'on juge que les boules de tabac ont assez fermenté, on les expose à l'air jusqu'à ce qu'elles soient froides; puis **on** refait les pelotons le matin et le soir pendant trois **ou quatre** jours. Par ce procédé, plus ou moins répété, on corrige les

vices que le tabac laisse apercevoir. Il en est entièrement
exempt s'il a une couleur noirâtre, le jus gluant et l'odeur
agréable.

Enfin, on défait ces boules pour mettre le tabac en manoques, qu'on suspend à l'ombre et séparées, pour que le tabac
se dégage de sa trop grande humidité et prenne la couleur qui
le fait apprécier dans le commerce. Si le temps était trop humide, il faudrait allumer du feu au-dessous du tabac suspendu,
ou y placer seulement des matières qui donnent suffisamment
de la fumée.

Le temps que le tabac doit rester dans cet état ne peut guère
être déterminé. Cela dépend de la température, du plus ou
moins de parties grasses qu'il contient, et de la nature des soins
apportés dans sa préparation. On le connaît en ouvrant la corde
et en l'exprimant. Si le jus en sort facilement, le tabac n'est
pas assez sec; mais il sèche ordinairement en quarante ou cinquante jours.

Dans quelques fabriques, on met d'abord le tabac en manoques et on les suspend à l'air. Lorsqu'on présume qu'il est
convenablement sec, on rapproche les manoques, afin que par
le contact, qui doit durer quelques jours, le suc de la plante
se concentre. Toute humidité superflue étant dissipée, on profite de l'instant de la matinée ou d'un jour nébuleux où la corde
est plus flexible pour lier la manoque à quatre points d'égale
distance. Cela se fait avec des lanières d'écorce de bananier
pour ne pas briser le tabac. Ensuite on met en tas les manoques,
qu'on arrange sur un lit de feuilles de bananier sèches, à la
hauteur de près de deux pieds. On recouvre les tas avec des
mêmes feuilles de bananier sur lesquelles on met un poids qui
comprime la masse.

Au bout de huit jours, on la découvre, pour reconnaître
l'état de fermentation : si elle est trop considérable, on suspend de nouveau les manoques dans un lieu abrité, mais aéré,
où il doit rester jusqu'à ce que le vice de l'excès de fermentation soit visiblement corrigé. Si la fermentation est au point
que l'on désire, on forme un nouveau tas en ordre inverse et

avec les mêmes précautions. Quinze jours après on vérifie l'état de la fermentation pour renverser encore le tas; lequel subsiste en ce nouvel état quinze jours, comme ceux qui le précédèrent.

L'état d'une atmosphère humide exige quelquefois d'interrompre l'ordre de ces manœuvres, ou d'être bien plus attentif aux progrès de la fermentation, si l'on veut préserver le tabac de la corruption. Chaque fois qu'on refait les tas, il faut empêcher que la corde ne se relâche et que les manoques ne s'ouvrent.

Toutes ces opérations étant finies, on défait pour la dernière fois les tas. On détache les manoques, on étend dans leur longueur les cordes de tabac dans un magasin légèrement arrosé, et dont le sol est couvert de feuilles de bananier fraîches qu'on arrose aussi ou qu'on a rendu humides au serein. La première couche de tabac étant faite, on la recouvre des mêmes feuilles et successivement on forme de nouvelles couches, jusqu'à ce que, toute la quantité de tabac étant ainsi amoncelée, on met par-dessus une plus forte couche de bananiers, que l'on charge de poids, et l'on ajoute même un peu d'eau, si l'on craint que le tabac n'ait trop de sécheresse. Il reste ainsi quatre jours. Enfin, l'ouvrier va défiler la corde et vérifie les qualités du tabac. Il sépare les morceaux d'une qualité inférieure et en fait des pelotons de vingt-cinq livres. Le tabac de la première qualité reçoit la même forme; et l'un et l'autre sont mis dans des magasins où il s'en faut bien qu'ils puissent se passer de soins ni de vigilance.

Préparation du tabac noir, ou cura negra.

Tous ces procédés n'ont pour objet que la préparation du tabac *cura seca*. Ceux qu'on emploie pour le tabac *cura negra*, diffèrent de ceux qui viennent d'être décrits, en ce que la première fermentation du tabac mis en boules se fait au soleil, sous des tas d'herbes vertes qu'on change de poids pour augmenter la compression. Après trois jours on lève l'appareil, il sort une fumée très-épaisse. On retourne les boules en les dévidant en de nouveaux pelotons, et on les livre à une seconde fermentation, puis à une troisième, à une quatrième, jusqu'a ce que la couleur du tabac avertit qu'il faut les mettre à l'ombre. Dès qu'il y est, on refait les boules et on met sur chacune d'elles un poids qui lui fait exprimer une liqueur qu'on reçoit dans des vaisseaux faits exprès. On empelote ensuite les boules en sens contraire, et on les soumet au même procédé. Il en sort encore de la même liqueur, connue dans le pays sous le nom de *moo* et *chimoo.*

Le reste de la préparation de ce tabac est a peu près la même que celle qui vient d'être décrite pour le tabac préparé à sec.

Ce liquide ne se consomme pas dans l'état où il sort du tabac. On le fait cuire jusqu'à consistance de sirop. Il devient, par ce moyen, un objet de grande consommation pour les habitants de l'intérieur de la Terre-Ferme, principalement dans la partie de Varinas. Les femmes ont une petite boîte, qu'elles portent comme une montre pendue au côté, au bout d'un cordon. Au lieu de clef est une petite cuiller avec laquelle elles prennent de temps en temps de ce jus, et le savourent dans la bouche. Cela répond assez à la mastication de nos marins.

(Extrait du *Voyage dans l'Amérique méridionale,* par F. Depons, agent du Gouvernement français à Caracas.)

CULTURE DU TABAC.

D'après la valeur du rendement obtenu de plusieurs essais de plantation de tabac aux environs de la Basse-Terre et dans l'intérieur de cette ville, où 62 pieds ont donné, après quatre mois de végétation, 18 kilogr. 600 de tabac, estimés 74 fr. 40 cent., nous sommes porté à croire que la culture de cette plante ne tardera pas à prendre rang dans l'agriculture de la colonie, et que la valeur de sa production, considérée comme denrée d'exportation, est appelée à marcher immédiatement après celle du café.

L'opinion que nous émettons ici est fondée sur l'extension démesurée qu'à prise, depuis 1848, la culture des racines alimentaires, et notamment celle du manioc, dont le bas prix n'est plus en rapport avec les frais qu'exigent sa culture et la préparation de sa farine, et sur l'obligation où se trouve déjà la culture vivrière de rentrer dans les limites qu'elle n'a pu franchir sans préjudicier à la production du sucre et à elle-même.

Tout porte à croire que le choix du végétal que l'impérieuse nécessité forcera bientôt les possesseurs de quelques hectares ou centiares de terres arables à cultiver de concert ou à intercaler avec les vivres se fixera sur le tabac, qui peut facilement donner deux récoltes par an, et dont la valeur du rendement est supérieure à celui de tous les autres végétaux indigènes susceptibles d'être cultivés avantageusement sur une petite échelle.

En attendant que nous puissions faire connaître le résultat des essais de culture qui se pratiquent sous nos yeux, et les accompagner des réflexions qu'elles pourront nous suggérer, nous croyons devoir présenter ici un extrait de l'ouvrages du R. P. Labat, sur les méthodes de culture et de préparation du tabac usitées de son temps.

Basse-Terre, le 8 novembre 1857.

ROYER,

Médecin vétérinaire du Gouvernement.

Méthode de cultiver et de préparer le tabac d'après l'ouvrage
du père Labat.

Le tabac demande une terre riche, médiocrement forte, profonde, unie, qui ne soit ni trop humide ni trop sèche, le moins exposée qu'il est possible aux grands vents et au trop grand soleil. Cette plante appauvrit la terre où elle croît; et comme elle ne porte rien avec elle qui la puisse améliorer, il est rare que la même terre puisse servir longtemps à fournir la substance nécessaire pour l'entretien d'une production aussi dévorante. C'est pour cette raison que les terres neuves lui sont infiniment plus propres que celles qui ont déjà servi; et que les terrains en cottières sont bientôt épuisés, et ne peuvent fournir que trois ou quatre levées de bon tabac, après quoi ils ne produisent plus que des feuilles sans force et sans substance, donnant une mauvaise qualité de tabac.

C'est au commencement de novembre qu'on sème ordinairement le tabac. On choisit autant qu'il est possible un terrain neuf et frais. On le trouve tel à la lisière d'un bois plus facilement qu'en aucun autre lieu.

On mêle la graine avec six fois autant de cendre ou de sable, pour éviter qu'elle pousse trop épaisse. Dans ce cas, on serait exposé, lors de la transplantation, à endommager les racines de manière à ce qu'elles ne pussent pas reprendre.

La graine lève ordinairement en quatre ou cinq jours. Dès qu'on s'aperçoit qu'elle sort de terre, on a soin de la couvrir de branchages, pour la garantir des ardeurs du soleil, à moins qu'elle n'ait été semée dans un lieu ombragé.

Pendant qu'elle croît, on prépare le terrain où elle doit être transplantée. Si c'est une terre neuve, on brûle et on arrache soigneusement les souches et les mauvaises plantes qui serviraient de retraite à une infinité d'insectes qui broutent et gâtent le tabac. On nettoie enfin parfaitement la place.

Le terrain étant nettoyé, on le partage en allées distantes de trois pieds les unes des autres, et parallèles, sur lesquelles on plante en quinconce des piquets éloignés les uns des autres de trois pieds. Pour cet effet on étend une ligne ou cordeau, divisé de trois en trois pieds par des nœuds ou quelques autres marques apparentes, comme seraient des morceaux d'étoffe de couleur, et l'on plante un piquet en terre à chaque nœud ou marque. Après qu'on a achevé de marquer les nœuds du cordeau sur toute l'allée, on le lève pour le porter à trois pieds plus loin sur l'allée suivante, observant que le premier nœud ne corresponde pas vis-à-vis d'un des piquets plantés, mais au milieu de l'espace qui se trouve entre les deux piquets, et on continue de marquer ainsi tout le terrain avec des piquets, afin de mettre les plantes au milieu des piquets, qui de cette manière se trouveront plus en ordre, plus aisées à sarcler et éloignées les unes des autres suffisamment pour trouver la nouriture qui leur est nécessaire. L'expérience fait connaître qu'il est plus à propos de planter en quinconce qu'en carré, et que les planteurs ont plus d'espace pour étendre leur racines et pousser leurs tiges et leurs feuilles, que si elles faisaient des carrés parfaits.

Il faut que la plante ait au moins six feuilles pour pouvoir être transplantée. Il faut encore que le temps soit pluvieux ou disposé à la pluie; car, transplanter en temps sec, c'est risquer son travail et ses plants.

On doit lever les plants de terre doucement et sans endommager les racines, On les couche proprement dans des paniers, et on les porte à ceux qui doivent les mettre en terre. Ceux-ci sont munis d'un piquet pointu d'un bon pouce de diamètre. Ils font avec cette espèce de poinçon un trou à la place de chaque piquet qu'ils lèvent et y mettre un plant bien droit, les racines bien étendues : ils l'enfoncent jusqu'à l'œil, c'est-à-dire jusqu'à la naissance des feuilles les plus basses, et pressent mollement la terre autour de la racine, afin qu'elle soutienne la plante droite sans la comprimer.

Les plants ainsi mis en terre par un temps de pluie ne s'arrêtent point; leurs feuilles ne souffrent point la moindre altération : elles reprennent en vingt-quatre heures et profitent à merveille.

Un champ de cent pas carrés doit contenir dix mille plants à la Guadeloupe où le pas est de trois pieds. On compte qu'il faut trois personnes pour entretenir dix mille plants de tabac, et qu'elles peuvent rendre environ quatre mille livres pesant de tabac, dans les terres neuves, selon la bonté du sol, le temps où l'on a planté et le soin que l'on a pris de sa plantation; car, il ne faut pas s'imaginer qu'il n'y a plus rien à faire quand la plante est une fois enterrée. Il faut travailler sans cesse à sarcler les mauvaises herbes, il faut encore arrêter la plante, lui ôter les rejetons et les feuilles piquées de vers, de chenilles ou autres insectes; il faut enfin chercher avec soin ces chenilles et vers pour les détruire, et surveiller continuellement la plante jusqu'à ce qu'elle soit coupée.

Pendant que les plantes croissent, en prépare les cases où l'on doit les mettre après qu'elles sont coupées. Chaque habitant en proportionne la grandeur à la quantité de plantes qu'il a mises en terre. On les construit pour l'ordinaire de fourches plantées dans le sol : on les palissade d'un clayonnage couvert de terre grasse, mélangée avec de la bouse de vache et blanchie avec de la chaux. Les sablières ne sont jamais à plus de sept pieds de haut. On appuie sur elles des traverses aussi longues que la case est large, éloignées de huit pieds les unes des autres, et assez fortes pour porter les gaulettes où les plantes sont attachées pour les faire sécher. Quoiqu'on se serve du terme de sécher, il s'en faut pourtant de beaucoup qu'on les fasse sécher suffisamment pour les mettre en poudre. On se contente de leur laisser évaporer leur plus grande humidité et de les faire amortir ou mortifier suffisamment pour pouvoir être travaillées.

Lorsque les plantes sont arrivées à la hauteur de deux pieds et demi ou environ, et avant qu'elles fleurissent, on les arrête, c'est-à-dire qu'on coupe le sommet de chaque tige, pour l'empêcher de croître et de fleurir, et en même temps on arrache les feuilles qui traînent sur la terre et se remplissent d'ordures. On ôte aussi toutes celles qui sont piquées de vers ou qui ont des dispositions à la pourriture, et se contente de laisser dix ou douze feuilles tout au plus sur chaque tige, parce que ce petit nombre, bien nourri et bien entretenu, rend beaucoup plus de tabac et d'une qualité infiniment meilleure que si on laissait croître toutes celles que la plante pourrait produire. On a encore un soin tout particulier d'ôter les bourgeons que la force de la sève fait pousser entre les feuilles et la tige ; car, outre que ces rejetons ne viendraient jamais bien, il attireraient une partie de la nourriture des véritables feuilles qui ne peuvent jamais trop en avoir.

Depuis que les plantes sont arrêtées jusqu'à leur parfaite maturité, il faut cinq à six semaines, selon que la saison est chaude, que le terrain est exposé, qu'il est sec ou humide. On visite pendant ce temps-là, au moins deux fois la semaine, les plantes pour les ébourgeonner et pour donner la chasse aux chenilles.

Le tabac est ordinairement quatre mois ou environ en terre,

du moment de sa transplantation, avant d'être en état d'être coupé. On connaît qu'il approche de sa maturité **quand ses** feuilles commencent à changer de couleur, et que leur verdeur, vive et agréable, devient peu à peu plus obscure : elle penchent alors vers la terre, comme si la queue qui les attache à la tige avait peine à soutenir le poids du suc et de la subtance dont elles sont remplies; l'odeur douce qu'elles avaient se fortifie, s'augmente et se répand plus au loin. Enfin, quand on s'aperçoit que les feuilles cassent plus facilement lorsqu'on les ploie, c'est un signe certain que la plante a toute sa **maturité et** qu'il est temps de la couper.

On attend pour cela que le soleil ait desséché toute l'humidité qui peut se trouver sur les feuilles. Alors on coupe les plantes par le pied, à un pouce ou deux au-dessus de la **super**ficie de la terre. On laisse les plantes ainsi coupées auprès de leurs souches pendant plusieurs heures, plus ou moins, selon l'ardeur du soleil, et on a soin de les retourner au moins deux fois, afin que le soleil les échauffe également de tous les côtés, qu'il consomme une partie de leur humidité, et qu'il commence à exciter une fermentation qui leur est nécessaire.

Il **est** essentiel que toutes les plantes coupées soient transportées dans la case avant le coucher du soleil; sans quoi la rosée et l'humidité de la nuit arrêteraient le mouvement de la fermentation, déjà commencé, et disposeraient la plante à la corruption et à la pourriture.

C'est pour augmenter cette fermentation que les plantes coupées et apportées dans la case sont étendues les unes sur les autres et couvertes de feuilles de balisier amorties, ou de quelques méchantes toiles, couvertures ou nattes, avec des planches par-dessus et des pierres pour les tenir en sujétion. C'est ainsi qu'on les laisse trois ou quatre jours pendant lesquels elle fermentent, ou pour parler comme aux îles, elles ressuent, après quoi on les fait sécher.

J'ai dit ci-devant qu'on avait disposé des traverses, s'appuyant des deux bouts sur les sablières pour recevoir les extrémités des gaulettes où l'on attache les plantes. On se sert pour cela d'aiguillettes de mahaut ou de carata, dont les cordes sont aussi bonnes que celles de chanvre. On attache les plantes entières aux gaulettes, la pointe des feuilles en bas, assez éloignées les unes des autres pour ne se pas toucher, parce qu'étant onctueuses, elles se colleraient ensemble et se gâteraient. Elles demeurent ainsi renfermées et suspendues dans la case pendant douze ou quinze jours, plus ou moins, mais toujours jusqu'à ce qu'on s'aperçoive qu'elles sont devenues tout à fait maniables, grasses, résineuses, d'une couleur brune ou tannée, flétries et amorties de manière à être emballées ou enfutaillées sans danger de se rompe. Pour lors on les détache des gaulettes, et on sépare les feuilles des tiges.

Le tabac s'emballe de deux manières, en andouilles et en paquets.

Les andouilles sont de différentes grosseurs et de différents poids : elles varient de cinq à dix livres, et sont plus grosses dans le milieu qu'aux extrémités; de manière qu'elles ressemblent assez à un fuseau tronqué par les deux bouts. Voici comment on les fait : on étend sur une table des feuilles dont on a retiré la grosse côte du milieu; on les choisit parmi les plus grandes et les plus saines. On en met de plus petites par-dessus; et comme c'est dans le milieu qu'elles se croisent l'une sur l'autre, cela fait que l'andouille est plus grosse dans cet endroit là qu'aux extrémités. On roule ensuite ces feuilles, qui servent de moule ou d'anse à celles qu'on étend et qu'on roule par dessus, jusqu'à ce que l'andouille ait la grosseur qu'on lui veut donner. Alors on la couvre d'un morceau de forte toile imbibée d'eau de mer, et on la lie avec une petite corde d'un bout à l'autre, le plus fortement et le plus serrément qu'il est possible, de manière que tous les tours de la corde se touchent, et on la laisse en cet état jusqu'à ce qu'on juge que les feuilles sont tellement liées les unes avec les autres qu'elles ne forment presque plus qu'un même corps, et que le tout est suffisamment sec. Pour lors on ôte la corde et la toile, et on coupe un peu les deux bouts de l'andouille, pour faire voir la qualité du tabac. Lorsque les andouilles sont bien faites, et qu'elles ont

bien ressué, elles se conservent très-bien, et peuvent être transportées partout sans danger de se gâter.

On n'ôte point l'arête ou la côte du milieu aux feuilles qu'on
veut emballer en paquets; on se contente, après qu'elles ont été
suspendues à l'ordinaire, de les détacher de la tige et de les
mettre les unes sur les autres bien étendues sur des feuilles de
balisier amorties. On les couvre d'autres feuilles de même espèce avec quelques planches et des pierres par-dessus, pour les
tenir étendues, et leur faire prendre cette situation en ressuant
et séchant doucement; après quoi on en fait des paquets de
vingt-cinq feuilles chacun, que l'on lie par les queues qu'on a
eu soin de laisser, avec une aiguillette de mahaut.

J'ai ramarqué ci-devant qu'on coupe les plantes à un pouce
ou deux de terre, et qu'on ne les arrache pas. La plante en
peu de temps pousse de nouvelles tiges et de nouvelles feuilles
que l'on coupe lorsqu'elles ont atteint leur maturité. C'est ce
qu'on appelle tabac de rejeton; mais comme la plante s'était
presque épuisée dans la production des premières feuilles, ces
secondes se ressentent de sa faiblesse : elles ne sont jamais ni
si grandes, ni si fortes, ni si charnues que les premières : leur
suc et leur substance n'ont presque aucune vigueur : ce sont
des feuilles, mais ce n'est plus du tabac. Cependant les habitants ne laissent pas de les mêler avec les premières : leur économie leur persuade qu'ils peuvent tirer d'une plante tout ce
qu'elle peut produire, et que tout est bon, quand on trouve le
moyen de le faire passer. Il y en a même qui vont jusqu'à cet
excès d'avarice d'employer les troisièmes feuilles que la plante
produit après qu'on a coupé les rejetons, se mettant peu en
peine que leur marchandise soit bonne, pourvu qu'ils en aient
une plus grande quantité.

C'est cette économie mal entendue et ce mélange des seconds
et troisièmes rejetons qui ont décrié les tabacs des îles, qui
avaient toujours été de pair avec les meilleurs tabacs du Brésil,
pendant qu'on les faisait avec soin et fidélité, mais qui sont dé-
chus indéfiniment, quand on en a voulu augmenter la quantité
par ce mélange de feuilles de rebut et de rejetons.

Celte méthode est pernicieuse, surtout si on se sert des terres qui sont depuis longtemps en valeur. Pour réussir dans la culture du tabac et lui donner la réputation qu'il avait autrefois, il faut le cultiver dans des terrains neufs, et défendre absolument le tabac de rejeton, et pour cela ordonner que les plantes seront arrachées, au lieu d'être coupées à deux pouces de terre, comme on a fait jusqu'à présent. Pour lors, on aura du tabac qui ira de pair avec celui du Brésil et qui surpassera de beaucoup celui de la Virginie et de la Nouvelle-Angleterre. On rétablira ainsi un commerce qui fera la richesse de la France et de nos colonies d'Amérique.

DE LA CULTURE ET DE LA PRÉPARATION DU TABAC DANS L'ILE D'HAITI.

1. *Plantation.* — Le terrain destiné au tabac est soigneusement entouré, afin qu'aucun animal et même les volailles ne puissent y pénétrer.

Toutes les terres d'Haïti sont propres à la culture du tabac. On trouve dans l'ouest et dans le sud des quartiers qui en produisent d'une qualité supérieure.

Un carré de terre, planté en tabac, donne ordinairement, terme moyen, trois milliers de cette denrée; il n'a besoin que de deux ou trois travailleurs pour l'entretenir.

On choisit surtout un sol gras, neuf, à l'abri du vent et du grand soleil.

On nettoie le terrain destiné à cette culture, vers le milieu du mois de septembre au plus tard; on déracine toutes les souches ou ronces qui s'y trouvent; on les met en tas, ainsi que les balliers et les herbes, puis on les brûle; par ce moyen, on détruit les insectes qui pourraient s'y loger et on donne une plus grande force à la végétation.

De la mi-septembre à la mi-novembre, on laboure le terrain trois à quatre fois, afin d'y détruire les mauvaises herbes, niveler la terre autant que possible et empêcher surtout le croupissement des eaux.

On forme une *pépinière*, dans un des coins du jardin, à l'en·
droit le plus frais et le plus long de la clôture. On laboure
cette pépinière avec soin, à six ou huit pouces de profondeur,
et on l'arrose continuellement afin de la tenir humide.

Les graines destinées à être semées doivent être recueillies
dans l'année même et conservées dans des bouteilles ou boîtes
hermétiquement fermées; on y mêle un peu de sable de rivière
très-fin.

On sème ces graines dans les derniers jours du mois d'octobre ou dans les premiers jours de novembre.

S'il n'y a pas eu de pluie, on arrose la pépinière vingt-quatre heures après le semis; on renouvelle l'arrosage, s'il y a
lieu, tous les deux ou trois jours.

Les graines poussent dans quatre à cinq jours.

On *sarcle* avec soin, et mieux on arrache avec les doigts les
mauvaises herbes qui poussent avec le tabac.

On *transplante* les jeunes tabacs aussitôt qu'ils ont trois à
quatre pouces de hauteur.

On se procure pour cela une ou plusieurs lignes ou cordeaux
qu'on partage par des nœuds à la distance de trois pieds. On se
procure aussi plusieurs piquets de bois dur, ayant deux pieds
de long et un pouce et demi de diamètre.

Quand on se dispose à transplanter, on étend la ligne et à
chaque nœud on fait avec le piquet un trou d'un pouce et
demi de profondeur.

On recommence la même opération à quatre pieds de la
première rangée, ainsi de suite, jusqu'à ce qu'on ait transplanté
la quantité de tabacs qu'on a arrachés.

La transplantation a lieu ordinairement dans l'après-midi.
En mettant le plan dans le trou, on bouche celui-ci légèrement : on enlève toute espèce de mauvaises herbes et de plantes
étrangères.

Il y a des cultivateurs qui transplantent les jeunes tabacs en
quiconce et par un temps pluvieux; ils observent la même
distance que celle indiquée ci-dessus.

On a soin de visiter le champ deux fois par jour, afin d'observer la plante, voir s'il n'y a point de chenilles sous les feuilles; et détruire ces insectes en prenant des précautions pour ne point briser le tabac.

L'*échenillage* doit occuper activement le planteur; car il court le risque, s'il néglige cette opération, de voir, dans une nuit, toutes les parties tendres des feuilles de ses tabacs dévorés.

Les jeunes plantes sont garanties pendant quelques jours des rayons du soleil par des feuilles ou des branches d'arbres.

On se sert pour enlever les mauvaises herbes, à mesure qu'elles poussent, d'une gratte ou d'un grattoir, ayant à un bout un louchet, destiné à remuer la terre à deux ou trois pouces de profondeur et à six pouces de distance autour du pied de tabac, afin de le bien nourrir et de faciliter sa croissance.

On enlève avec une jambette les bourgeons qui poussen entre la tige et les feuilles, en ayant soin de toujours les couper de bas en haut.

On se sert d'un pavillon attaché à un bâton de quatre à cinq pieds de longueur pour chasser les papillons et les empêcher de se mettre sur les feuilles de tabac.

On *arrête* les tabacs trois mois après la plantation; ils doivent être alors assez élevés pour qu'on puisse les couper à trois ou quatre pieds et demi de hauteur.

Pour faire cette opération, on enlève avec les doigts ou la jambette toute la partie supérieure de la plante.

Chaque pied de tabac étêté ne présente que douze à seize feuilles.

Il y a des personnes qui arrêtent la crue du tabac à deux pieds ou deux pieds et demi, et qui ne lui laissent que dix à douze feuilles.

L'essentiel est que ces feuilles soient bien nourries et aient le poids convenable.

Le tabac parvient à sa *maturité* lorsque les feuilles jaunissent et présentent quelques petites taches blanchâtres de distance en distance.

3

Il y a des tabacs qui mûrissent au bout de quatre mois ; on s'assure de cette maturité en ployant la feuille qui doit se casser parfaitement.

2. *Récolte.* — La récolte du tabac se fait aussitôt que la plante parvient à sa maturité.

Elle commence de grand matin et se termine vers huit heures.

On détache toutes les feuilles mûres, en coupant avec la jambette dans l'écorce de la plante jusqu'à toucher le bois, de bas en haut. Chaque morceau d'écorce enlevée doit avoir au moins un pouce de longueur.

On étend soigneusement les feuilles ainsi recueillies les unes sur les autres, sur une *tache* (feuille de palmiste) ou sur une planchette, et on les porte de suite à la sécherie.

On continue ainsi la récolte tous les jours, sans négliger aucun des soins ci-dessus prescrits.

Après la récolte on arrache les pieds de tabac; on les met en tas et on les brûle, afin de planter, au mois d'avril, dans le champ libre, du maïs, des pois et d'autres vivres.

Le tabac de qualité supérieure est celui qui reçoit le plus de soins dans sa culture.

On laisse toujours monter en graines plusieurs pieds de tabac afin d'avoir des semences fraîches, recueillies dans l'année même, pour les prochaines plantations.

3. — *Préparation du tabac.* — *Sécherie.* — La sécherie destinée à la préparation du tabac doit avoir une longueur proportionnée à l'étendue des plantations; elle a une largeur de quinze à vingt pieds et une hauteur de dix à douze pieds. On lui donne la forme d'un ajoupa dont les chevrons descendent jusqu'à trois pieds de terre; ces chevrons reposent sur des sablières qui sont supportées par de petites fourches; l'intervalle entre ces sablières et la terre est clissé et non bousillé.

L'air doit circuler librement dans la sécherie. L'exposition de cet établissement doit faciliter l'entrée et la sortie des vents régnants; ses deux extrémités seront bouchées de manière à ce que les fortes brises ne nuisent pas aux opérations de séchage.

Autour de cette case, on creuse une rigole assez profonde pour l'écoulement des eaux pluviales.

L'intérieur doit être soigneusement balayé, arrosé et tenu proprement. Il faut éviter qu'aucune eau extérieure n'y entre.

Un passage libre de trois pieds de large est pratiqué dans la sécherie; de chaque côté de ce passage on met, de haut en bas, jusqu'à deux pieds et demi du sol, trois ou quatre rangées de traverses, placées à quatre pieds de distance les unes des autres; ces traverses, depuis le haut jusqu'en bas, ont un espace de deux pieds et demi entre elles.

Séchage. — Des travailleurs placés dans l'intérieur de la sécherie s'occupent à attacher le tabac qui y est porté et à l'étendre sur les traverses.

Ils placent d'abord sur une table ou sur une planchette une feuille de tabac ployée en deux, en ayant soin de mettre ses côtes ou jambes à l'extérieur. Ils font de même avec une seconde feuille. Ces deux feuilles, placées l'une sur l'autre, sont attachées au milieu d'une ligne de huit pieds de longueur et de la grosseur d'un tuyau de plume à écrire. Sur cette ligne, à droite et à gauche, à quatre pouces de distance les unes des autres, sont attachés d'autres paires de feuilles, placées de telle sorte que toute la ligne en contienne huit, ce qui fait seize feuilles. Les nœuds par lesquels on attache les paires de feuilles doivent être faits simplement de droite à gauche; et de manière à tenir les feuilles carrément sur la ligne.

Deux personnes attachent chaque ligne par un bout sur une traverse, en commençant par le bas.

Les lignes sont placées à une distance de six à huit pouces les unes des autres, pour que l'air puisse circuler librement et que le planteur ait la faculté de visiter les feuilles étendues et d'en détacher les chenilles ou autres insectes qui pourraient s'y trouver.

Pendant les temps secs, on a le soin d'arroser la sécherie matin et soir, pour lui procurer de la fraîcheur, une certaine humidité et empêcher les feuilles de tabac de se briser : on doit les conserver entières.

On fait des fumigations aromatiques deux fois par semaines. On y emploie des plantes sèches du pays en petite quantité. Ces fumigations doivent être légères et ne durent ordinairement qu'une heure. Elles éloignent les vermines et aident au séchage du tabac tout en lui conservant son arôme.

Le tabac reste dans la sécherie quatre semaines. On peut néanmoins l'y laisser tout le temps qn'on ne le livrera pas à la consommation ; avec les soins nécessaires, il ne se détériorera pas.

Emballage.—*Surons.*—Les surons pour emballer les manoques de tabac sont des boîtes faites en *taches* de palmiste. Ils contiennent chacun huit manoques, ou deux cent cinquante-six feuilles, et pèsent, terme moyen, quarante-cinq à cinquante livres. Ils sont attachés avec de la bonne liane, de manière à ce que le tabac y soit bien pressé et s'y conserve longtemps.— On doit avoir soin de n'emballer le tabac que quand les feuilles sont bien sèches.

Le lendemain d'un grain de pluie, on retire le tabac des lignes de la sécherie ; on commence cette opération de grand matin et toujours par le bas. On détache les feuilles ligne par ligne et deux par deux ; — elles sont liées quatre par quatre, dans l'état où elles se trouvaient sur les lignes, au moyen d'une feuille de latanier ou d'une *ventresse* de bananier.

Ainsi chaque ligne de seize feuilles doit donner deux *maniques* de huit feuilles chacune ; — quatre *maniques* ou trente-deux feuilles forment une manoque ; celle-ci est attachée par le gros bout des côtes avec une liane ou une ventresse de bananier ; — cette dernière attache se fait à plat, afin que les feuilles ne se brisent pas. — On lit de nouveau la manoque, à un ou deux pouces plus bas.

On place la manoque ainsi formée dans le suron.

Chaque suron contient huit manoques, qui y sont mises par leurs gros bouts, en nombre égal, de chaque côté.

On presse à la main et avec précaution toutes les manoques.

On attache avec des lianes les surons, remplis et couverts, et on les place, jusqu'à leur livraison, dans un endroit sec, bien aéré.

Tabac à chiquer. — On extrait des feuilles grasses et bien corsées les côtes ou jambes du tabac ; on tord le reste des feuilles avec précaution, en ayant soin de les humecter au moyen d'une décoction de jambes de tabac et d'envelopper chaque torsade, qui doit être de la grosseur du petit doigt, dans des feuilles sèches de bananier ; on ficelle fortement les torsades et on les tient dans cet état pendant environ un mois.

On enlève ensuite l'enveloppe et on emballe le tabac tordu dans des boîtes ou surons faits avec des *taches* de palmier.

(Extrait du *Manuel de l'Agriculteur et de l'Immigrant*, à l'usage des habitants d'Haïti et des autres Antilles, par le docteur Fresnel ; ouvrage inédit, annoncé par le journal de la Martinique *le Propagateur*, du 12 décembre 1854, n° 43).

CULTURE DU TABAC.

TRADUCTION d'une lettre relative à la culture du tabac, adressée par M. Groning, négociant et cultivateur à Richemond, à M. le Consul de France en cette ville.

Richmond, 5 décembre 1857.

Cher Monsieur,

En réponse à votre demande concernant les soins à donner aux plants de tabac, je vous ferai remarquer d'abord que les soins diffèrent probablement dans cet état, de ceux qu'exigent cette plante dans les Indes occidentales à cause de la grande différence qui existe dans le climat et dans le sol. Ici, **nous** procédons comme suit :

Vers la Noël, on choisit un espace aussi protégé que possible contre le froid et le vent (nos planteurs choisissent généralement quelque endroit à la lisière d'un bois, ou même un espace dans les bois), pour servir de couche à semis. Le sol doit être bon, riche, onctueux, bien purgé de mauvaises herbes; il doit être alors labouré ou bêché, afin que la terre soit bien meuble; ensuite on brûle dessus le bois sec afin d'avoir sur cette terre de la cendre; on doit aussi y répandre un peu de chaux ou de plâtre, c'est un préservatif contre les vers et les punaises, alors on y sème les graines et on passe le rateau ; elles ne doivent être que légèrement recouvertes de terre. Dans un temps froid, la couche doit être couverte de feuilles sèches.

Au printemps, aussitôt que les jeunes plants ont atteint une hauteur de six ou huit pouces, on les transplante dans les champs sur les collines à une distance d'environ six pouces sur un côté et d'environ trois pieds de séparation sur l'autre. La terre des champs destinés au tabac doit être riche et meuble et bien labourée et fumée. Le fumier d'étable est le meilleur, vient ensuite la chaux ou le plâtre, sur des terres pauvres le guano réussit mieux, parce qu'il agit plus promptement comme matière fertilisante, mais le tabac venu en terre fumée au guano ne peut jamis être d'une qualité très-substantielle.

La plante ne demande pas beaucoup d'attention pendant les premières semaines qu'elle a été transplantée et a pris racine, si l'on a choisi pour cela une saison humide ou pluvieuse. Les champs doivent toujours être tenus nets de mauvaises herbes, et les bourgeons (petites branches qui poussent sur les côtés des tiges) doivent être coupés, quand la plante a de six à huit feuilles, en ne comptant pas les deux ou trois qui sont les plus bas placées. La cime de la plante doit être coupée afin que le reste des feuilles profitent de toute la vigueur de la plante. En même temps on doit laisser quelques pieds de tabac sans les étêter afin qu'ils fleurissent et puissent fournir des graines pour la saison prochaine.

Quand le tabac est mûr, c'est-à-dire, quand la couleur des feuilles commence à changer et que la tige se contracte, on coupe la plante et on la fait sécher entièrement, soit au soleil, soit dans des granges, à un feu de bois de chêne ou de sapin. Le tabac traité au soleil est le plus doux et le meilleur pour faire les enveloppes des cigares, après que les feuilles et les tiges sont entièrement sèches et de telle sorte que ces dernières se brisent quand on les plie, on doit choisir un temps à la fois chaud et humide pour mettre le tabac en boucaut ou en balle. Là, on couche le tabac en paquets d'environ six ou huit feuilles chacun.

Votre très-respectueux.

VON GRONING.

LES COLONIES ET LE TABAC.

Sous ce titre, M. Victor Humbert a publié une brochure qui a paru dans la *Revue coloniale* de décembre 1858. Au moment où des planteurs s'occupent sérieusement de cette culture, nous croyons devoir reproduire ce travail qui leur fournira des renseignements utiles et sans doute sera de nature à déterminer d'autres habitants à entrer également dans cette voie.

Lorsqu'on considère le chiffre de la consommation du tabac en France et qu'on recherche quels pays concourent à approvisionner les manufactures de l'État, on remarque qu'à l'exception de l'Algérie, les autres colonies n'entrent pas même pour la plus faible part dans une consommation qui pourtant à dépassé 27 millions de kilogrammes en 1857.

D'où vient cet éloignement?

Le sol des colonies, dont on a tant de fois proclamé la richesse de végétation, serait-il donc impropre à produire les qualités de tabac spécialement recherchées pour les fabriques françaises; ou bien la culture du tabac serait-elle délaissée comme moins avantageuses, comparativement aux cultures habituelles?

Le tabac des contrées situées non loin des principales colonies de la France, et placées dans des conditions identiques de climat et probablement aussi de sol, étant particulièrement apprécié, il est difficile de croire à l'impossibilité matérielle d'obtenir dans ces colonies des qualités propres à la fabrication. Enfin, lorsqu'on considère l'extension qu'à prise, sur tous les points du globe, la culture de cette plante, il n'est pas permis de douter qu'elle ne présente des avantages réels.

Sans aller chercher des exemples dans les pays étrangers, on peut citer la France, qui voit chaque année de nouveaux départements solliciter l'autorisation de cultiver le tabac. Ainsi aux six départements, auxquels cette culture a été longtemps limitée, ont été ajoutés, depuis peu d'années, ceux des Bouches-du-Rhône, du Var, de Vaucluse, de la Gironde, de la Moselle, du Haut-Rhin, et pour 1859 ceux de la Haute-Saône, de la Dordogne et de la Meurthe; en outre, une plus grande extension sera donnée aux plantations du Pas-de-Calais et du Bas-Rhin.

Persuadé que l'unique cause de l'éloignement que nous signalons tient en partie à l'ignorance où l'on est des avantages considérables de la culture du tabac et des qualités spécialement appréciées pour la fabrication, nous avons pensé que peut-être il ne serait pas sans quelque utilité, surtout dans le moment actuel, de fournir sur ces deux points quelques informations exactes.

Sans nous dissimuler les difficultés d'une tâche aussi grande, nous voudrions suivre la plante depuis la formation du semis jusqu'à sa livraison possible au fabricant, en étendant cette étude aux divers points que soulève la culture du tabac, comme aussi à la fabrication des cigares. Après avoir cherché à apprécier quelles espérances de succès une telle culture peut faire naître, d'après les échantillons adressés par les colonies, nous envisagerons ce produit, non pas seulement au point de vue des intérêts coloniaux, mais encore au point de vue du trésor lui-même.

Afin d'établir pour quelle part les colonies pourraient entrer dans l'approvisionnement des fabriques françaises, il faut d'abord rechercher le chiffre de la consommation et la proportion des qualités employées.

En 1856, la consommation s'est élevée à 25,598,900 kilogrammes, vendus au prix de 162,716,600 francs, et a donné lieu, dans un intervalle de dix années, à une augmentation moyenne de 667,000 kilogrammes, les ventes n'ayant été que de 18,928,397 kilogrammes en 1847; celles de 1856 comprenaient :

Cigares fabriqués à la Havane et à Manille, vendus au prix de 10 c. à 40 c. l'un (à 250 cigares au kil.)...................... 144,346 kil.

Cigares fabriqués en France, de 5 c. à 15 c. (à 250 cigares au kil.)..................... 1,924,286

Cigarettes à 2 c. 1/2 l'une (à 1,000 cigarettes au kil.)............................. 6,478

Tabac à priser (râpé ou en carottes), de 3 fr. à 12 fr. le kil...................... 6,519,539

Tabac à fumer (haché ou en rôles), de 2 fr. à 12 fr. le kil...................... 15,938,306

Rôles menufilés à mâcher, à 11 fr. le kil.... 66,145

TOTAL............. 25,598,900

Dans la même année, la régie a acheté en tabac en feuilles ou en cigares, savoir :

Feuilles de France provenant de treize départements, y compris l'Algérie, au prix moyen de 77 fr. 48 c. par 100 kil. (A reporter).. 16,118,700 kil.

Report............. 16,118,700 kil.

Feuilles de Hollande, du Palatinat, de la Macédoine, de la Russie, de la Grèce, etc., aux
prix moyens de 207 fr., 145 fr. 124 fr.,
117 fr. et 90 fr. les 100 kil............. 683,000

Feuilles de la Havane, de Varinas, du Paraguay,
du Brésil, de la Virginie, du Kentucky, du
Maryland, etc., aux prix moyens de 573 fr.
220 fr., 171 fr., 131 fr., 123 fr., 106 fr. et
95 fr. les 100 kil.................... 5,751,000

Cigares de la Havane, de Manille, du Brésil et
d'Allemagne, aux prix moyens de 27 fr. 60 c.
22 fr., 15 fr. et 5 fr. 20 c. le kil. de 250 cigares................................ 253,000

Total............. 20,765,700 kil.

Les ventes ont donc été supérieures aux achats, la régie,
avec ses immenses réserves, pouvant attendre les cours favorables du commerce et ayant acheté d'ailleurs, en 1855, 20 millions de kilogrammes aux États-Unis seuls.

Si l'on évalue les déchets de fabrication à 10 p. 0/0 seulement, on trouve que, pour une consommation de 25,598,900 kilogrammes, comme en 1856, il a fallu mettre en œuvre environ
28,158,000 kilogrammes de feuilles.

La France ne produisant qu'environ 16 millions, la quantité
que doit fournir la production étrangère ne peut s'élever à
moins de 12 millions. C'est à remplir ce chiffre, du moins en
partie, que les colonies nous semblent pouvoir légitimement
aspirer. Nous disons en partie, car certaines feuilles d'Amérique, auxquelles le consommateur est habitué depuis longtemps ou qui servent à améliorer la qualité des tabacs fabriqués, nous paraissent difficiles à être remplacées entièrement.
Mais si les colonies viennent à remplir les conditions exigées,

comme nous l'espérons, nous aimons à penser qu'on leur montrera le même intérêt qu'on porte à l'Algérie, en réduisant à leur profit les achats de l'étranger. Si on considère que la culture indigène ne produit que les trois quarts de ce qui lui est demandé chaque année, il paraîtra naturel de penser que les colonies ne pourraient pas être appelées à fournir moins de 5 millions de kilogrammes, en ce moment.

On peut diviser les tabacs qu'on rencontre dans le commerce en deux classes distinctes : les tabacs légers, spécialement employés pour le cigare et la pipe, et les tabacs corsés ou charnus, qui entrent presque uniquement dans la fabrication de la poudre et des rôles à mâcher.

Le feuillage des premiers se fait remarquer par la finesse et la souplesse du tissu et des nervures, de même, et comme conséquence, par le faible diamètre des côtes. Comme type, on peut rappeler le tabac de la Havane, de Manille, du Brésil et quelques espèces de l'Orient, qui, pour des feuilles de 50 centimètres de longueur, présentent des côtes n'ayant souvent, à l'état sec, que 3 millimètres de diamètre à la naissance du limbe. La couleur est généralement d'un brun plus ou moins foncé ou d'un jaune doré, mais sans mélange de vert ni de taches.

Lorsque des feuilles présentent ce caractère principal des tabacs légers, qu'elles sont lisses, il est indispensable, pour que leur qualité soit appréciée, qu'elles conservent le feu quand on les allume, que la fumée ne soit pas âcre et qu'elles répandent une odeur douce et agréable. Alors, quand le limbe n'est pas gommeux ou gras, elles acquièrent une valeur supérieure pour leur utilité dans la fabrication des cigares. En effet, les feuilles devant être roulées les unes autour des autres, si le tissu en est trop gommeux, il se forme des adhérences qui arrêtent l'accès de l'air et, par conséquent, la combustion. Cette adhérence peut se produire d'autant plus facilement qu'on a besoin d'humecter le tabac pour le convertir en cigares, et qu'alors on dissout les parties gommeuses ou mucilagineuses. Lorsque le cigare est séché plus tard à l'étuve, on comprend

que les feuilles sont plus susceptibles de se coller et de rendre
la combustion impossible.

Les tabacs spécialement destinés à la poudre et aux rôles à
mâcher peuvent avoir le feuillage plus épais et être par conséquent corsés. Le fabricant aime à rencontrer un feuillage gros
et gommeux, surtout pour les rôles, et, tout naturellement, il
ne regarde plus si la combustion a lieu plus ou moins facilement; il lui suffit que cette espèce présente à l'odorat un arome
agréable et que le feuillage soit également coloré. Comme type,
on peut citer le Virginie, qui, de même que quelques tabacs
de l'Orient, se fait remarquer par une odeur de miel ou de
mélasse qu'on prétend provenir d'une addition de sucre faite
au moment de l'emballage. Dans cette classe, il faut encore
ranger la presque totalité des tabacs de France; car, à part
quelques qualités du Pas-de-Calais et du Bas-Rhin, toutes les
autres sont généralement corsées. Ces feuilles ayant quelquefois près de 1 mètre de longueur, la côte est plus forte que
dans celles de la classe précédente, qui sont généralement plus
courtes.

Quant à la dimension des feuilles employées dans la fabrication, elle n'a aucune limite : elle peut être supérieure à
50 centimètres ou inférieure, pourvu que les côtes soient
minces; car elles occasionneraient sans cela un déchet sensible par la nécessité où l'on se trouve, dans une fabrication
soignée, de les enlever en tout ou en partie. Quelques espèces
de l'Orient et de la Hongrie n'ont souvent que 15 centimètres
de longueur, mais la partie ligneuse est tellement faible que
l'on peut se borner à couper la partie de la côte dépassant le
limbe, c'est-à-dire la *caboche*.

Il doit en être autrement des feuilles qui doivent recouvrir
les cigares, et une longueur de 50 centimètres au moins est
indispensable pour qu'on y puisse trouver les bandes qui doivent former la *robe* ou *cape*. Les feuilles présentant quelquefois
des déchirures, on conçoit que le couteau les évitera plus facilement quand la superficie en sera suffisante.

Les tabacs de mauvaise qualité sont généralement d'un aspect foncé ou de couleur plus ou moins mélangée ; leur odeur est vireuse ou rappelle celle du foin, et la fumée en est âcre et désagréable lorsqu'ils conservent le feu.

Les tabacs légers présentent d'ailleurs un double avantage, attendu qu'ils se prêtent également à la fabrication de la poudre, tandis que les feuilles corsées ne sont propres qu'à une spécialité. Nous n'entendons pas dire pour cela que ces dernières sont exclues totalement de la fabrication des tabacs de pipe, la régie, dit-on, se trouvant précisément dans la nécessité de les employer à cet usage par le manque de l'autre espèce de feuilles. Nous ne nous étendrons pas davantage sur ce point, le classement des feuilles d'un pays quelconque ne nous paraissant plus donner lieu à aucune difficulté. Le caractère relatif à l'arome que les feuilles doivent dégager à l'état sec est moins facile à établir d'une façon précise et échappe à l'analyse comme tout ce qui a rapport au goût. Mais, en pareille matière, l'avis général doit prévaloir ; aussi la régie a-t-elle soin de s'en rapporter au consommateur, qui est en définitive le juge souverain. Qu'une nouvelle espèce de tabac soit introduite dans sa fabrication, ou un nouveau cigare, elle interrogera d'abord le public, et apportera, s'il y a lieu, les modifications qu'elle jugera utiles pour contenter tous les goûts.

On a vu, par ce qui précède, que la consommation du tabac en poudre n'est que de 6,519,339 kilogrammes, et que la France produit plus de tabacs corsés que les besoins ne le réclament. Les colonies ne pourront donc entrer dans l'approvisionnement des fabriques de l'État qu'à la condition *expresse* de leur offrir des tabacs légers.

Afin de les obtenir, nous croyons que, dans les colonies où on les récolte déjà, il sera prudent de continuer à les cultiver, les graines depuis longtemps habituées à un même sol produisant toujours des qualités plus certaines. Dans les colonies, au contraire, où il s'agira d'introduire le tabac, il conviendra, pour le choix de la graine, de préférer celle provenant de contrées placées dans des conditions égales de climat et, s'il est possible, de terrain. Ainsi, à la Martinique et à la Guadeloupe, on donnerait la préférence aux graines de la Havane, de Porto-Rico, de la Floride, de Guatemala, etc. A la Guyane, on pourra essayer, en outre, celles de Varinas, du Brésil, du Paraguay, ainsi que toutes celles de l'Amérique du Sud. A la Réunion et dans les établissements de l'Inde, on fera choix de celles de la Chine, de Manille et de Java. Au Sénégal, qui se trouve à peu près sous le même parallèle que les Antilles, les mêmes espèces peuvent être tentées. Nous insistons sur un choix judicieux à faire de la graine, attendu qu'on s'exposerait à de graves mécomptes en ne se préoccupant pas des conditions de climat et de sol. Dans les nombreux essais qui ont été faits à ce sujet, l'expérience a toujours démontré, notamment pour le Virginie qu'on a essayé d'acclimater en France, que si les tabacs acclimatés conservaient leurs caractères botaniques, il n'en était pas de même pour la qualité. N'en est-il pas ainsi de tous les végétaux, et pense-t-on qu'un plan de vigne du Médoc, par exemple, qui serait transplanté seulement dans le terrain crétacé de Paris, conserverait au vin son bouquet primitif?

La graine étant choisie, il s'agira de déterminer la nature du terrain.

Bien des écrits ont déjà paru sur ce sujet sans que nous voyons régner un grand accord entre leurs auteurs : les uns ont vanté les terres rouges et recommandé de rejeter celles de couleur noire ou qui contiennent un excès d'argile et de marne; d'autres ont émis une opinion qui, malgré notre incompétence en une telle matière, nous a paru diamétralement opposée.

Le choix du terrain ayant une influence décisive sur la qualité du tabac, il est du plus haut intérêt d'établir d'une manière précise les caractères qu'on doit rechercher.

Les plantes puisant dans le sol les principes fixes qui les composent, il nous a semblé qu'il suffirait de les connaître pour être éclairé sur la nature du terrain. Ainsi pour le tabac, par exemple, si l'analyse décèle une notable quantité de fer qui n'a pu être assimilé que par les racines, on sera obligé d'admettre que le sol doit être ferrugineux.

En faisant ces recherches sur des tabacs de la Havane et de l'Amérique de facile combustion, comparativement à d'autres tabacs et notamment à ceux de l'Algérie qui ont fait l'objet de la note insérée dans le *Moniteur algérien*, en mars 1853, on remarque une différence notable dans la composition de leur cendre. Lorsqu'on expose la première au feu du chalumeau sur le fil de platine, on obtient un ver blanc de facile fusion, ce qui indique la présence de sels de potasse qui, du reste, y existent dans la proportion d'environ 30 p. 0/0 ; la cendre des seconds tabacs, au contraire, répand une vive lumière indiquant la chaux en excès, mais ne peut être fondue malgré le feu le plus vif. Sans citer ici d'autres essais, on doit croire que les tabacs légers d'Amérique se plaisent dans des terrains contenant de la potasse, soit qu'elle y existe naturellement, soit qu'elle y soit apportée sous forme d'engrais.

Quant à la portion insoluble du sol, qui sert uniquement à maintenir la plante et à permettre l'infiltration des racines, nous croyons n'avoir à apprendre à personne les conditions propres à faciliter la végétation. Le sable et l'argile, on le sait, doivent être en proportions voulues pour que les racines puissent s'étendre sans difficulté et que l'humidité puisse être entretenue autour d'elles.

Nous ne distinguons pas, par conséquent, l'inconvénient des terres noires, que peut-être on est exposé à rencontrer fréquemment dans quelques colonies, soit parce que les terrains seraient vierges et contiendraient beaucoup d'humus, soit parce qu'ils seraient d'origine ignée et devraient leur couleur à des débris de roches de pyroxène, d'amphibole, etc. Mais, dira-t-on, pour reconnaître une quantité préjudiciable de chaux, il faudra avoir recours à l'analyse. Nous répondrons que cette analyse n'est pas indispensable, le tabac se chargeant de prouver par sa qualité le sol qui lui a convenu, s'il n'a pas été possible de reconnaître préalablement un excès de chaux, et surtout le *gypse*, qui est soluble dans l'eau et peut être absorbé par les racines.

Du reste, le gypse, qu'on rencontre dans beaucoup de terrains, ne présente plus d'inconvénient pour le tabac du moment qu'on ne néglige pas l'engrais. En effet, le gypse, ou sulfate de chaux, se trouve alors décomposé par le carbonate d'ammoniaque existant dans l'engrais, principalement en présence de l'eau : il se forme de la craie ou carbonate de chaux insoluble et non assimilable, et du sulfate d'ammoniaque.

Quant à l'exposition, il est hors de doute que les terrains bas et un peu humides, conviennent au tabac. A la Havane, les qualités les plus fines sont récoltées *dans la Vallée-Basse* (Vuelta de Abajo), et à Porto-Rico, un examen géologique a constaté que là où croissent les tabacs les plus légers, le sous-sol est humide. Sans chercher, du reste, d'autres exemples au loin, on peut rappeler la France. Ainsi, dans le Pas-de-Calais, qui fournit des tabacs estimés pour la pipe, on remarque que le sol est constamment humide, non pas seulement à cause des pluies qui sont très-fréquentes dans le Nord, mais aussi parce que le sol, très-argileux, ne permet pas à l'eau de s'écouler ou de se vaporiser rapidement. Au contraire, dans le Lot et le Lot-et-Garonne, où les pluies sont plus rares, où l'air est plus chaud et le pays moins marécageux, les tabacs sont généralement corsés. On devra donc accorder la préférence aux terrains bas et humides.

On a vu que les tabacs légers du Nouveau-Monde se faisaient remarquer par l'abondance des sels à base de potasse. Il sera donc prudent, si elle n'y existe pas préalablement dans le sol, de l'introduire avec l'engrais, que le tabac réclame du reste impérieusement.

Dans un travail officiel publié en 1841 sur l'agriculture de la Martinique et de la Guadeloupe, nous remarquons que l'engrais constitue la question la plus sérieuse dans les colonies, et que le colon ne reculerait pas devant la mise de fonds si les cultures habituelles lui assuraient un bénéfice suffisant. Alors, dit M. Lavollée, Montfaucon aurait le débouché avantageux de sa poudrette, et les déjections des grandes villes viendraient fertiliser le sol des colonies.

Les colonies ne nous semblent pas cependant pouvoir comp-

ter encore que les grandes villes viendront fertiliser leur sol.
et surtout qu'elles leur apporteront des engrais n'ayant pas les
défauts que la Guadeloupe a reprochés à la poudrette, et au
sang desséché dont la fabrication est tout aussi difficile, si l'ex-
péditeur n'est pas tenu de garantir la qualité de la marchandise
vendue, c'est-à-dire le titre de l'azote.

Passons maintenant à la question de culture. Il est nécessaire
de préciser tout d'abord l'instant convenable pour la formation
du semis, mais une telle indication est presque impossible à
cause des différences de longitude et de latitude des diverses
colonies, et par conséquent des saisons respectives. On ne peut
donc prendre pour point de départ que l'époque ordinaire des
semailles dans chaque colonie.

Deux mois auparavant, après avoir choisi une terre légère
et parfaitement meuble, on lui confiera la graine. Si l'on doit
redouter les pluies, les vents ou la fraîcheur de l'atmosphère,
nous n'avons sans doute pas besoin de le dire, il conviendra
d'abriter le semis, en le recouvrant de paillassons ou de branchages, et de l'entourer, d'ailleurs, des soins qu'on consacre
habituellement à toutes les plantes dont la première croissance
doit être préservée des influences de l'atmosphère. Ces soins
seront continués jusqu'à ce que les jeunes plantes portent six à
huit feuilles. Il s'agira alors d'opérer la transplantation, qui
aura lieu au cordeau.

Afin de conserver un passage suffisant pour pouvoir pénétrer
dans la plantation au moment de l'écimage, et pratiquer cette
main-d'œuvre sans risquer de briser les feuilles, on laissera plus
d'espace entre les pieds de tabac dans le sens longitudinal. Si
les feuilles ne doivent pas avoir plus de 50 centimètres de long,
l'air pourra circuler librement autour d'elles quand les pieds
seront séparés, en largeur, par une distance de 35 à 40 centimètres. La première rangée transversale présentera donc cette
distance; immédiatement après, on fera une seconde rangée,
éloignée de la première de 35 à 40 centimètres, de telle sorte
que les pieds de ces deux rangées forment des carrés ayant le

même côté. La troisième rangée, en vue de l'écimage, sera séparée de 60 à 70 centimètres, et on continuera ainsi en faisant alternativement deux rangées de 55 à 40, et une de 60 à 70 centimètres, l'éloignement transversal restant le même. Les distances seront calculées, dures te, d'après les dimensions connues à l'avance ou probables des feuilles.

Ces séparations, on ne peut omettre de le dire, exercent une grande influence sur le rendement par hectare, et c'est à cette cause qu'ii faut attribuer uniquement les différences qu'on remarque entre deux terrains d'une même superficie, et où les pieds de tabac présentent d'ailleurs une analogie complète, Ce point mérite donc de fixer toute l'attention du cultivateur, pour qu'à la fois on ne perde pas de terrain et qu'on ne nuise pas au développement des feuilles.

Lorsque apparaît le bouquet terminal contenant les rudiments de la fleur, l'instant est venu de pratiquer la section à la main du faisceau de feuilles et de fleurs, c'est-à-dire d'opérer *l'écimage*. Les premières feuilles ont acquis alors presque tout leur développement et commencent déjà à entrer en maturité.

Si cet écimage n'était pas pratiqué, il se développerait trop de feuilles, et alors les dernières écloses n'auraient pas le temps d'atteindre les dimensions suffisantes quand les premières obligeraient de procéder à la récolte. On obtiendrait donc des tabacs de longueur et de qualité trop différentes, ce qu'on doit éviter.

Le but de cette section est, conséquemment, d'empêcher la floraison et d'arrêter la croissance de la plante, en circonscrivant la sève dans un rayon déterminé.

Cependant on assure que dans certaines colonies on aurait pu obtenir sur un seul plant plus de cent feuilles de longueur et de qualités égales, et cela en récoltant au fur et à mesure de la maturité. Si ce fait était vrai, il est évident que le tabac procurerait des bénéfices considérables, les pieds, en général, ne portant pas plus de douze feuilles en France. On ne peut donc préciser à quel nombre de feuilles il sera préférable d'écimer; mais, quel que soit ce nombre, il est important que l'écimage soit continué pendant quelque temps, car la plante, contrariée dans l'œuvre de la reproduction, ne tardera pas à développer aux aisselles des feuilles de nouveaux bouquets de fleurs, afin d'atteindre son but.

Nous ne saurions assez appeler l'attention sur cette opération. Si dans l'écimage on ne laisse à la tige qu'un nombre trop restreint de feuilles, la sève les imprégnera trop abondamment et développera un excès de chair. Le tabac, il est vrai, gagnera en poids, mais il sera corsé et perdra en qualité. L'expérience seule pourra donc fixer à cet égard ; toutefois, nous ne pensons pas qu'il soit prudent de laisser moins de quinze feuilles à la tige.

Lorsque les feuilles tendent à changer de nuance, le moment de leur maturité approche, et on peut bientôt procéder à la récolte, en abandonnant toutefois sur le terrain les feuilles séminale ou *feuilles de pied*, dont la qualité est toujours inférieure : dès qu'elle sera rentrée, il conviendra de songer à leur dessication, c'est-à-dire de *mettre les tabacs à la pente*.

A ces effets, les feuilles, alors d'un vert jaunâtre ou déjà jaunes, sont enfilées à l'aide d'une aiguille sur une ficelle de 3 ou 4 mètres de longueur, en passant l'aiguille à travers l'extrémité de la côte ou la *caboche*. Les longs chapelets qui résultent de cette opération sont ensuite attachés à des perches, des arbres, des clous fixés aux habitations, et assez espacés pour que l'air et la chaleur puissent bien pénétrer les chapelets et provoquer la dessication. Elle est achevée quand les feuilles présentent une belle coloration *uniforme* soit brune, brun rougeâtre ou jaune doré. Il est sans doute inutile d'ajouter que, de même que pour le semis, il faut préserver la récolte de l'action du vent, qui déchirerait les feuilles, et de l'action de la pluie, qui altérerait leur qualité.

La dessication terminée, on peut procéder immédiatement au *manoquage*, au *triage* et à l'*emballage;* par conséquent, la récolte sera bientôt prête à être livrée au fabricant, de telle sorte que quelques mois à peine auront séparé le jour où le colon pourra tirer le bénéfice de sa récolte de celui où il aura commencé le semis.

Pour opérer le manoquage, on choisira de préférence l'instant du matin, où les feuilles, devenues moites et souples par la fraîcheur de la nuit, ne risquent plus d'être brisées pendant le travail. Après en avoir choisi vingt à trente *par couleur et par longueur*, on les réunira en manoque. A cet effet, on serrera dans la main gauche le faisceau de feuilles, préalablement éga- lisées; puis, prenant une feuille plus petite et la plaçant sur les premières, on la pressera avec le pouce à 5 centimètres de l'ex- trémité des caboches. Si ensuite on saisit de la main droite le bout de la petite feuille, et qu'on lui fasse faire deux ou trois révolutions autour du faisceau en question, en passant au-dessus du pouce et serrant à chaque tour, il ne s'agira plus que de passer ce bout sous cette espèce de cravate et entre les grandes feuilles, pour que la manoque soit formée. La *cravate* doit être mince et laisser à nu les caboches, de telle sorte que la sec- tion de toutes les parties ligneuses, y compris celle de la cra- vate, puisse être faite en fabrique sans enlever aucune parcelle de feuille; si on voulait les livrer à l'état plane, comme c'est l'usage en Orient, en Hongrie et à Manille, on se bornerait à assembler chaque manoque par un lien quelconque, passé sim- plement autour des caboches. Le manoquage et surtout le triage, on ne saurait trop le recommander, devront éveiller toute l'attention dn planteur, car de là dépend la valeur de la récolte; on aura donc soin que les caboches n'aient jamais plus de 5 centimètres de longueur et que les gros nœuds qui pour- raient y exister soient enlevés, afin que la *préparation* ne puisse être critiquée par le fabricant.

Quelques cultivateurs, afin de rendre les feuilles plus sou- ples, humectent leur tabac avant de commencer le manoquage; si ce mode de procéder n'a qu'un faible inconvénient en France, où la chaleur ne peut provoquer aussi vite la fermentation, puisque ce travail a lieu ordinairement en hiver, il peut n'en être pas de même dans les colonies; on fera donc bien de s'abs- tenir de cette pratique et d'aérer les feuilles, en les isolant, si la chaleur s'y développe. Si on voulait différer le manoquage, on réunirait les chapelets par huit ou dix, et on les suspendrait à un clou sous un abri, en espaçant assez les tas pour ménager un passage. Si les feuilles sont suffisamment sèches, la récolte se conservera dans cet état. Toutefois, il conviendra de surveiller les chapelets en passant de temps en temps la main dans l'intérieur des tas et d'aérer, dès qu'on sentira une chaleur supérieure à celle de l'air atmosphérique.

Le manoquage terminé, il ne reste plus qu'à emballer le tabac. Quel que soit le mode d'emballage qu'on adopte : tonneaux, caisses, toiles, sacs, peaux, etc., il est important que les pointes des feuilles soient toujours dirigées en dedans, de manière à les garantir le plus possible des accidents de route. On devra aussi veiller avec la plus scrupuleuse attention à ce *qu'aucune humidité* n'existe plus dans les feuilles au moment de l'emballage, car la fermentation risquerait de s'y développer, au détriment de leur qualité, et par conséquent de leur valeur.

Enfin, il sera bon de soumettre les tabacs à la presse avant d'opérer la fermeture des tonneaux, caisses, etc.

On se rappelle que nous avons conseillé de commencer le semis avant le moment ordinaire des semailles; c'est afin que les plants soient prêts aux premiers beaux jours, et puissent profiter de toute la durée de la belle saison. Si on le commençait plus tard, il ne pourrait se développer autant de feuilles; d'ailleurs, on risquerait de ne plus pouvoir opérer la dessiccation en plein air, à cause de l'arrivée des pluies ou des vents. Tels sont les soins qu'exige la préparation du tabac. Nous n'avons pas, il est vrai, rappelé les travaux préparatoires de la terre, le sarclage, le binage, etc., cette main-d'œuvre étant la même pour tous les végétaux, et étant d'ailleurs, mieux décrite dans les traités spéciaux, que nous ne pourrions le faire.

On a vu que la production du tabac en France s'était élevée en 1856 à 16,118,700 kil. En examinant quelle a été la quantité fournie par chaque département, et quel a été le produit par hectare, là où les superficies ont pu être établies d'une façon précise, on trouve les chiffres suivants :

.	NOMBRE d'hectares.	QUANTITÉ fournie.	PRIX PAYÉ.	PRODUIT par hectare
		kil.	fr.	fr.
Nord	658	1,932,400	1,765,400	2,683
Pas-de-Calais........	742	1,307,300	1,048,000	1,412
Ille-et-Vilaine........	693	966,900	651,400	940
Lot..............	1,463	1,266,300	1,231,800	842
Lot-et-Garonne......	"	2,241,800	1,707,200	"
Bas-Rhin............	3,095	4,583,500	2,726,200	881
Algérie	"	3,446,500	2,987,500	"
Haut-Rhin..........	30	70,000	48,200	1,610
Moselle.............	10	12,100	9,700	970
Vaucluse............	10	11,200	9,600	960
Var................	101	106,600	98,100	971
Bouches-du-Rhône...	111	124,500	108,800	980
Gironde............	61	49,600	49,800	778

Le produit par hectare est donc de 778 fr. au minimum dans la Gironde, et s'élève au maximum à 2,683 fr. dans le Nord, où les meilleures terres sont affectées au tabac, qui d'ailleurs, n'y est cultivé que par de forts fermiers ne ménageant ni l'engrais, ni les soins rappelés plus haut.

Mais si le tabac assure à ceux qui s'y adonnent en France des bénéfices plus grands que ceux qu'on obtient par les autres cultures, comme l'a établi l'enquête sur le monopole des tabacs, il n'est pas moins vrai qu'il occasionne au trésor un préjudice considérable par suite des fraudes et du colportage auxquels il donne lieu.

Si nous sommes bien informé, un Mémoire présenté à l'Assemblée nationale, après 1848, par ceux-là même qui dirigent le service des tabacs, aurait insisté sur des mesures de suppression de culture en France comme étant le seul remède propre à réparer un préjudice que, en 1857, la commission d'enquête sur le monopole du tabac avait déjà cru être de 10 millions de francs par année. Ces fraudes seraient, à la vérité, constatées avec soin, mais échapperaient fréquemment à la surveillance la plus active. La régie, assure-t-on, n'aurait d'autre moyen d'engager le cultivateur à lui livrer toute sa récolte, que de faire compter le nombre de feuilles existant sur chaque plantation et de n'accorder qu'une faible remise de 5 et 3 p. 0/0 pour pertes, feuilles déchirées, etc.

Le calcul d'un nombre immense de feuilles, alors que chaque plante doit nécessairement présenter des inégalités, paraîtra sans doute difficile à établir d'une façon mathématique. Il faut donc croire que la régie ne peut jamais être fixée que d'une manière plus ou moins approximative. Il n'en est pas de même du cultivateur, les règlements l'obligeant à livrer sa récolte par paquet ayant chacun le même nombre de feuilles : il sait donc à l'avance ce que la régie ne connaît encore qu'approximativement. En admettant même un calcul rigoureusement exact, le cultivateur pourra encore frauder une partie de sa récolte, sans que les règlements puissent l'atteindre, tant qu'il n'aura pas dépassé la limite de 5 ou 3 p. 0/0 formant la remise accordée. Le champ ouvert à la fraude est bien plus vaste si le calcul n'a pu être fait que d'une façon approximative. De là des colportages, qui dans les lieux à culture s'étendent parfois jusque dans un rayon de deux départements; ces colportages sont du reste d'autant plus actifs qu'ils assurent des bénéfices à peu près égaux à ceux de la régie et permettent aux fraudeurs de tenter le cultivateur par des prix bien supérieurs.

D'autres considérations ont été présentées en faveur de la suppression graduelle de la culture du tabac en France. On a dit que les chemins de fer enlevaient chaque année à l'agriculture un grand nombre de bonnes terres, et qu'il serait juste de rendre aux céréales des terrains affectés à un végétal qui n'est pas indispensable à la vie de l'homme; que, d'ailleurs, le monopole dans les mains de l'État ne devrait servir que d'instrument pour mettre en valeur des terres incultes, l'expérience prouvant que les tabacs ordinaires, qu'on emploie en quantités plus grandes que les autres, peuvent être produits dans presque tous les terrains. S'il en était ainsi, les landes, qui préoccupent à un si haut degré la sollicitude de l'Empereur, auraient déjà fait un pas plus décisif dans la voie du défrichement si cette culture y avait été encouragée plutôt que dans des terres arables où elle a entraîné des frais de surveillance et autres que la faible extension des plantations a peut-être déjà rendus onéreux pour le trésor. Nous nous bornons à rappeler ces opinions contre le maintien de la culture en France, en laissant le soin d'apprécier la convenance d'une aussi grande mesure. Mais si de telles considérations venaient jamais à modifier l'état actuel des choses, il est bien évident qu'un vaste avenir s'ouvrirait pour les colonies, la quantité qu'elles seraient appelées à fournir ne pouvant pas être évaluée alors à moins de 20 millions de kilogrammes.

Nous n'examinerons donc pas quelle influence a eue, sur les revenus, l'autorisation donnée aux six nouveaux départements de cultiver le tabac; d'après ce qui précède et ce qu'apprend l'enquête sur le monopole (page 57), on doit admettre *à priori* que les revenus ont dû subir une diminution et qu'elle a dû être en raison de l'extension que la culture a prise. Chose digne de remarque : si cette extension est grande, le trésor est fortement atteint, si elle est faible, on est exposé à des frais de surveillance, de personnel, de locaux, etc., qui, pour l'État, sont à peu près les mêmes, quelle que soit l'importance des plantations.

Il faut dire maintenant un mot des échantillons de feuilles et de tabacs fabriqués envoyés par les diverses colonies. Nous ne nous arrêterons toutefois qu'aux premiers et aux cigares, le tabac en poudre et les carottes à râper ne nous paraissent pas pouvoir jamais être l'objet d'un commerce étendu. Les carottes à râper, dont l'usage est en général restreint, sont d'ailleurs, par suite de fermentation, dans un état d'altération qui ne permet plus de les apprécier. C'est là, si nous ne nous trompons, le défaut qu'on a déjà eu à reprocher aux tabacs des Antilles, alors que la régie cherchait encore à les employer, et dont il eût été pourtant facile de les préserver par une dessiccation mieux conduite.

Nous indiquerons successivement les noms des personnes qui ont adressé les échantillons, et la provenance.

RÉUNION.

ADMINISTRATION. — Feuilles lancéolées, analogues à celles

de Manille, en manoques planes, d'une coloration uniforme brun-cannelle et de 60 centimètres de longueur; très-fines, conservant le feu et répandant une fumée agréable, sans âcreté; par conséquent propres pour robes de cigares et tabacs de pipe. Cendre fondant en émail blanc sur le fil de platine.

M. VALENTIN. — Même espèce de tabac, bien trié, et offrant d'ailleurs, les caractères du précédent, mais d'une longueur de 40 centimètres seulement.

M. P. HOAREAU.—Feuilles cordiformes, en manoques planes, de 38 centimètres de longueur, et d'une coloration brun-jaunâtre. Tissu fin, mais un peu rugueux. Douces à fumer, quoique ayant un peu d'amertume. Agglomération verdâtre sur le fil de platine.

M. IMHAUS. — (Tabac ordinaire.) Feuilles de 40 centimètres de longueur, en manoques planes; coloration brune, maculée de parties noires indiquant un défaut dans la préparation. Néanmoins doux à fumer et conservant bien le feu. Susceptible d'un bon emploi après une meilleure préparation.

M. VALENTIN. — Même espèce de tabac, mais plus corsé et plus gras. Côtes volumineuses; cependant doux et gardant très-bien le feu.

GUADELOUPE.

TABAC DU PAYS. — Feuilles en manoques cylindriques, de 40 centimètres de longueur; couleur marron en dessus et claire en dessous; essentiellement corsées et mal manoquées. Fumée douce. Agglutination verdâtre sur le fil de platine.

TABAC DIT GUACHARO. — Feuilles de 40 centimètres de long, encore vertes, d'un tissu fin. Caboches portant les nœuds provenant de la tige. Goût d'eau. Cendre s'agglomérant sur le fil de platine en plaques blanches. Également susceptible d'un bon emploi après une meilleure préparation.

GUYANE.

TABAC DU PAYS. — Tabac court parsemé de taches dites de rouille, mal préparé, mais d'un tissu fin. Agréable à fumer. Cendre fondant sur le fil de platine.

Telles sont les observations suggérées par les feuilles, dont la qualité et la finesse nous paraissent être exactement en rapport avec la nature de la cendre.

Les cigares, dont la Réunion seule a fait un envoi, sont bien confectionnés; en général ils sont doux et conservent bien le feu. Mais, au point de vue où nous désirons nous placer, nous ne devons citer particulièrement que ceux à 3 fr. le cent, de la fabrique Ducasse.

Ces cigares, de 14 centimètres de long, sont d'une qualité telle que nous n'hésitons pas à croire qu'ils seraient recherchés par le consommateur français, même au prix de 10 centimes.

Mais, comme ceux des autres colonies, ils sont en général d'un modèle qui n'est pas usité en France, les cigares à 5 et 10 centimes de la régie *(façon Havane)* n'ayant que 12 à 15 centimètre de long, sur un diamètre de 12 et 15 millimètres.

S'il nous était permis maintenant d'exprimer un désir au sujet de ces cigares, nous voudrions qu'une commande de ces deux modèles fût faite aux colonies, persuadé que leur qualité satisferait à la fois et le consommateur et la régie, qui trouverait sans doute pour le même prix des qualités supérieures à celles fournies par l'Allemagne. Dans ce cas, les fabricants des colonies devront mettre tous leurs soins à leur envoi : les bouts devront être bien tournés; le cigare sera *médiocrement serré*, et emballé seulement après une dessiccation complète.

D'après l'examen présenté ci-dessus, la plupart des feuilles de nos colonies doivent être rangées au nombre des feuilles légères propres à faire des tabacs de pipe et même des cigares lorsqu'elles seront mieux préparées. Leur valeur ne laisse pas que d'être très embarrassante à fixer à cause de leur nouveauté sur les marchés, surtout pour un produit qui peut être aprécié aussi différemment, suivant le goût, le caprice ou les besoins de l'acheteur.

Mais si on compare ces feuilles à celles de France, surtout les deux premiers échantillons, on ne peut hésiter à leur assigner le plus haut prix payé pour les premières qualités, c'est-à-dire

140 francs les 100 kilogrammes. Nous avons même l'espoir que ce prix sera dépassé.

C'est là le prix maximum payé dans le Nord, et qui influe d'une façon si notable sur le rendement par hectare indiqué plus haut : aussi ce département, où cependant la betterave est cultivée sur une large échelle et doit alimenter un grand nombre d'usines à sucre, place-t-il le tabac en première ligne, non pas seulement parce qu'il rapporte davantage, comme partout ailleurs, mais parce qu'il n'est pas sujet aux fluctuations de prix des autres produits du sol, et surtout parce que le planteur sait à l'avance le jour exact où la régie lui payera sa récolte. Tels sont les principaux motifs pour lesquels le tabac est recherché sans cesse par de nouveaux départements.

Ces considérations n'échapperont pas aux colonies ; et elles aussi, nous n'en doutons pas, voudront, à l'instar du Nord, cultiver le tabac à côté de l'autre plante destinée au sucre. Si nous sommes bien renseigné, du reste, déjà la Réunion et la Guadeloupe n'attendraient que le moment de s'y adonner sérieusement.

On ne peut toutefois se le dissimuler, l'initiative laisse beaucoup à désirer en France, et tout à besoin d'être encouragé par l'État. C'est par des encourgements donnés à l'Algérie que le nombre des planteurs de tabac, qui n'était que de 3 en 1844, s'était déjà élevé à 2,500 en 1854. De même le coton n'a dû son extension qu'à des faveurs accordées par l'Empereur lui-même. Or, ne serait-il pas possible d'octroyer quelques encouragements aux colonies ? Ne pourrait-on pas, chaque année, accorder des primes aux deux planteurs qui auraient, sur des quantités déterminées , livré les tabacs les mieux triés et manoqués ; et déclarer que les feuilles des colonies réunissant les conditions ci-dessus énumérées seront achetées pour compte de l'État, et payées d'après trois types fixés à l'avance par une commission locale ? Cette commission remplirait les mêmes fonctions que celles dévolues aux consuls et autres agents des chancelleries chargées d'acheter pour les fabriques de France. Ne pourrait-il même pas être décidé, à l'instar de ce qui a lieu dans la métropole, qu'il sera perçu un léger escompte (1 centime par franc environ) destiné à rétribuer cette commission et à solder les primes d'encouragement?

Nous devons l'avouer, toutefois, le but que nous nous sommes proposé serait incomplétement atteint si les colonies, pouvant produire des feuilles utiles pour la fabrication des cigares, n'arrivaient pas à fournir les cigares eux-mêmes, surtout ceux à 5 centimes, puisque la consommation est telle que les fabriques paraissent insuffisantes pour répondre à tous les besoins. Si on cherche, en effet, quelles variations ont subi les cigares en général dans l'espace de quatre années seulement, on trouve que la consommation a doublé pour ceux à 5 centimes, et que pour les cigares de la Havane elle a, au contraire diminué considérablement, comme l'établissent les chiffres suivants :

	CIGARES de la Havane et de Manille. De 10 à 40 c.	CIGARES DE FRANCE		
		à 15 c.	à 10 c.	à 5 c.
	kil .	kil.	kil .	kil.
1853.................	205,780	7,930	220,800	733,950
1854.................	179,560	33,250	240,230	824,670
1855.................	170,740	40,590	262,530	1,111,300
1856.................	144,346	40,880	234,420	1,648,200 (1)

Il faut du reste rappeler, que, si la suppression du monopole à la Havane, en 1821, a donné une grande extension à la fabrication des cigares, qui a multiplié les revenus, elle a amené les fabricants à employer beaucoup de feuilles de l'Amérique du Sud pour remplir l'intérieur des cigares (*trippas*), attendu que les produits si renommés de la *Vuelta de abajo* étaient incapables de suffire aux besoins plus grands du commerce.

---

(1) En 1857, la consommation des cigares à 10 centimes et 5 centimes a été de 182,000 et 2,000,000 de kilogrammes, dont 226,000 provenaient de l'Allemague.

Nous n'examinerons pas si cette faveur des Havane provient de ce que le consommateur cherche surtout le bon marché, ou si elle provient de ce que leur prix ne justifie pas suffisamment la différence de qualité qui existe avec les cigares à 5 centimes.

Un accroissement aussi rapide dans la vente des cigares à 5 centimes, accroissement qui a été de plus de 340 millions de cigares, a nécessairement dû surprendre les ateliers. Aussi a-t-on été obligé de créer tout récemment des usines spéciales de cigares à Dieppe, Nantes, Châtauroux et Bercy, et de s'adresser, en outre, aux fabriques d'Allemagne, afin de pouvoir suffire à une consommation de plus en plus exigeante. Or, n'est-il pas permis de croire qu'on aurait sans doute pu réduire les dépenses qu'entraînent, pour le trésor, les grandes constructions de l'État, si les colonies, y compris l'Algérie, avaient pu maintenir l'approvisonnement dans le cercle des besoins? Nous croyons donc qu'en vue de nouvelles augmentations qui peuvent surgir dans la vente des cigares à 5 centimes, les colonies doivent se préparer à répondre à l'appel qui pourrait leur être adressé.

La fabrication des cigares consiste, on le sait, à enrouler dans une première feuille des rognures des mêmes feuilles et à recouvrir le cylindre produit au moyen d'un mouvement de va-et-vient imprimé par la paume de la main, par une bande de feuille fine et souple, appelé *robe* ou *cape*, qu'on enroule en forme de spirale. Après avoir collé à la gomme l'extrémité de cette bande sur le cylindre façonné en cône aigu et avoir coupé à la longueur voulue le bout opposé, le cigare est confectionné. Il ne reste plus alors qu'à le sécher à l'étuve. Nous ne nous arrêterons pas davantage à cette fabrication, toutes les colonies, sans exception, n'ayant aucunement besoin qu'on la leur enseigne; mais nous croyons utile de ne pas passer sous silence les divers modes de préparation des feuilles.

En France, comme dans toutes les fabrications perfectionnées, on se contente d'humecter les feuilles avec de l'eau pure ou légèrement salée, et de les laisser s'imprégner d'humidité dans un lieu frais, pendant vingt-quatre heures environ. Géné-

ralement on mouille moins les feuilles destinées à *l'intérieur*
des cigares que celles destinées à servir de *robes*, afin que des
adhérences ne puissent pas se produire aussi facilement.

Certaines fabriques étrangères, qui ont à lutter contre la
concurrence et le bas prix, et se trouvent, par consequent, dans
la nécessité d'employer des tabacs de faible qualité, les laissent
macérer quelquefois dans des bains d'eau de chaux, afin de
dissoudre et de séparer les huiles âcres solubles dans cet alcali;
d'autres fois, après avoir laissé séjourner simplement les
feuilles dans de l'eau pure, et avoir exprimé le jus, on arrose
le résidu, séché préalablement, avec des infusions de feuilles
de mérisier, de thé et d'autres plantes aromatiques. Ailleurs,
où les feuilles de basse qualité n'ont pas d'âcreté et offrent une
coloration qui n'a pas besoin d'être modifiée, on se borne à
les humecter avec ces mêmes infusions. A la Havane, quelques fabricants ont l'habitude de réunir les feuilles humectées
en petits tas et de les laisser fermenter légèrement pendant
quelques jours, procédé qui est également en usage en France,
et notamment, dit-on, pour les cigares à 15 centimes fabriqués
à Bercy.

Ces procédés, qui ont pour but de substituer au véritable
arome du tabac un parfum factice, ne nous semblent pouvoir
être l'objet d'aucune critique, à quelque point de vue qu'on se
place; mais il n'en est pas de même d'autres moyens que quelques fabricants n'hésitent pas à employer. On a constaté, en
effet, que l'intérieur de certains cigares était composé de feuilles
de stramoine, de noyer et même de chou : qu'on avait eu recours à des dissolutions à base de potasse pour exciter la combustion et produire cette cendre blanche que le fumeur aime
à trouver dans les cigares. Ces fraudes, trop fréquentes, ne peuvent pas être découvertes au moment de l'achat, une très-belle
feuille cachant ordinairement le mélange frelaté...

Relativement aux colonies, il ne suffirait pas, ce nous semble,
qu'elles pussent produire des cigares même d'un goût et d'une
fabrication irréprochables, il faut encore qu'ils soient offerts au
consommateur dans des boîtes ou des enveloppes agréables à la

vue. On sait quel soin on apporte, à la Havane, à ce détail :
les cigares sont liés par paquets de vingt-cinq, par un ruban de
soie ou une lanière d'écorce de Mahot, puis placés, quand ils
sont bien secs, dans des coffrets attentivement préservés de
l'humidité par des bandes de papier collées sur toutes les join-
tures. L'apparence donnée à un objet destinée à la vente, on ne
peut se le dissimuler, exerce une grande influence, et c'est cet
art que les magasins de Paris possèdent à un si haut degré. Les
colonies devront donc s'attacher à présenter les cigares d'une
façon analogue et à les emballer de préférence dans des coffrets
bien secs de cèdre ou autres bois résineux, l'odeur répandue par
ce bois paraissant exercer quelque action sur le cigare. Nous
ne faisons allusion, bien entendu, qu'à des cigares supérieurs au
prix de 5 centimes, ces derniers pouvant être liés et emballés
plus modestement.

En résumé, on a vu que les colonies pourront produire la
qualité, il ne leur restera donc plus qu'à fournir la quantité.

Qu'elles se rendent un compte exact de la durée de culture
de la canne à sucre, des longues et incessantes mains-d'œuvre
qu'elle exige, des dépenses d'achat et d'entretien des ustensiles
pour la préparation et la concentration des jus, et de celles de
combustible, qu'il faut bien mettre en ligne de compte, les
bagasses représentant un certain nombre d'unités de chaleur,
qui pourraient être affectées à un autre usage, et notamment à
des machines si jamais elles s'introduisaient dans les colonies,
qu'elles envisagent, en outre, les variations des cours du sucre,
les modifications qui peuvent surgir dans la législation ; qu'elles
comparent, en un mot, la canne au tabac, dont la durée de
culture excède à peine six mois et peut être faite par les blancs,
comme dans les colonies espagnoles, la rentrée rapide du prix
de la récolte, l'avenir qui s'ouvre pour elles, etc., etc. ; elles
demeureront convaincues des immenses avantages présentés par
le tabac ; elles le cultiveront partout.

Quant aux cigares qu'on s'est trouvé dans la nécessité de
demander à l'Allemagne, nous ne recherchons pas qu'elle est
leur qualité. Nous admettons sans difficulté que le consom-

mateur les a toujours trouvés d'une qualité tout à fait supérieure, que la régie conséquemment n'a jamais été obligée d'en
renvoyer un seul en fabrique, pour fraude ou défaut de qualité,
et qu'il est constaté actuellement que la réputation qu'on leur
a faite n'est que l'œuvre d'une odieuse calomnie. Mais ne serait-
il donc pas possible d'en acheter moins à la Germanie et de
songer un peu aux colonies lointaines et à l'Algérie, dont l'industrie locale a plus besoin d'être favorisée que celle de l'Allemagne? Ne leur serait-il pas même permis d'administrer la
preuve qu'elles aussi peuvent produire des cigares à 5 et 10 centimes du goût du consommateur et du modèle qu'on comman-
dera? Déjà maintenant des commandes ne pourraient-elles être
faites et les cigares être livrés à l'appréciation des fumeurs?

Relativement à l'État, nous ne reviendrons pas sur ce qui a
été dit plus haut, ni sur les encouragements propres à développer l'industrie du tabac dans les colonies; nous avons suffisamment établi, ce nous semble, que, loin d'engager le trésor
pour la plus faible somme, ces encouragements devront contri-
buer au contraire à en augmenter les revenus.

Il ne nous resterait maintenant qu'à formuler des vœux pour
la réalisation des désirs naturels qui ont provoqué cette étude
bien incomplète, si nous pouvions oublier que l'avenir des
colonies est dans les mains d'un Prince jaloux d'adopter toutes
les grandes mesures propres à développer leur prospérité, en
ajoutant à l'éclat de la France.

Victor HUMBERT.

CULTURE DU TABAC.

Nous reproduisons ci-après une note sur le tabac de la Guadeloupe, transmise à l'Administration locale par le département de l'Algérie et des colonies. — Les appréciations qui y
sont contenues sont de nature à bien faire augurer du succès
de la reprise de cette culture dans la colonie et à encourager
les habitants qui voudront s'y livrer. Nous ne saurions trop

recommander aux planteurs les utiles indications qui y ont été consignées.

Examen d'un échantillon de tabac de la Guadeloupe, parvenu à l'exposition de l'Algérie et des colonies, le 23 février 1859.

Les manoques de ce ballot renferment des feuilles de longueur et de couleur différentes, les unes ayant une belle coloration brune et un tissu fin; tandis que les autres, à tissu grossier, sont vertes en totalité ou en partie.

Le triage, cette première et indispensable condition pour assurer la vente des tabacs, n'étant pas opéré, il n'y aurait aucun espoir de voir accueillir de telles feuilles, soit par la régie, soit par le commerce. Pour les utiliser il faudrait recommencer ce travail et rejeter dans les dernières qualités les feuilles vertes et bigarrées, ce qui entraînerait des déchets, que les fabriques cherchent à éviter. D'ailleurs, quel prix assigner à une marchandise hétérogène, exigeant un remaniement dont le résultat ne peut être apprécié à l'avance ?

Les feuilles totalement vertes ne sont ainsi que parce qu'elles ont été cueillies avant maturité. Ce défaut serait facilement évité, au moment de la récolte, en laissant encore quelque temps sur pied les feuilles qui n'ont pas acquis une maturité complète.

Les feuilles vertes en partie indiquent un vice dans la dessiccation. Lorsque les chapelets sont soumis à l'action de l'air et de la chaleur, on ne doit considérer la dessiccation comme terminée que lorsque toutes les faces des feuilles présentent la même coloration brune. Il faut donc continuer l'opération : retourner les chapelets, espacer et étaler les feuilles encore vertes, jusqu'à ce que les rayons solaires aient produit leur action et amené la récolte à une teinte uniforme, ce qui, dans les colonies, doit être obtenu en deux jours au plus. Alors le triage qui a lieu seulement au moment du manoquage ne consiste que dans l'assemblage des feuilles par longueur; car toutes présentent le même aspect. Les colonies doivent s'attendre à ce qu'on se montre sévère sur ce point, elles sont trop favo-

·risées par leur climat pour qu'on n'attribue pas uniquement à un défaut de soins toute imperfection dans la couleur des feuilles.

QUALITÉ. — En flairant l'intérieur du ballot, on découvre une odeur douce et parfumée qui serait plus prononcée sans la présence des feuilles vertes.

Une sève fine et aromatique, suivant l'expression employée par les gens spéciaux, étant un des caractères des tabacs supérieurs, on est fondé à croire que la Guadeloupe, en suivant les instructions qui lui ont été adressées, produira des tabacs qui seront recherchés bien certainement par la régie et le commerce.

Un cigare confectionné avec les feuilles brunes a répandu une fumée très-douce, sans laisser aucune âcreté à la bouche, ce qui est également de bon augure. Certains fumeurs reprocheront peut-être à ce tabac de manquer de montant; il n'y a pas a se préoccuper, pour le moment, des goûts du consommateur, le mode de culture et de dessiccation enseigné par les instructions devant modifier inévitablement la qualité de ces tabacs. Le point essentiel, aujourd'hui, *c'est qu'il est constaté que la Guadeloupe peut produire des tabacs légers, à sève fine et aromatique.*

Relativement à la combustion, on remarque qu'elle a lieu un peu difficilement, en produisant une cendre grise; l'essai sur le fil de platine vient confirmer que ce tabac a été récolté dans un terrain ou le gypse n'a pas été détruit par suffisante quantité d'engrais, ou que le terrain est calcaire.

MANOQUAGE ET EMBALLAGE. — Après avoir lu les instructions, la Guadeloupe reconnaîtra elle-même que ces deux opérations ont été mal exécutées. Les manoques seront composées de 25 à 30 feuilles, au lieu de 10, ce qui diminuera le nombre de liens à faire, l'amarrage sera moins large et les pointes des feuilles seront dirigées en dedans, afin qu'à l'avenir il ne se produise plus de brisures et de poussière.

Les défauts énumérés ci-dessus tenant uniquement à des causes qu'il est facile de faire disparaître, je demeure convaincu profondément qu'en suivant les instructions données, la Guadeloupe produira des tabacs tout à fait supérieurs; conséquemment, l'industrie si productive des cigares pourra y être développée sur une large échelle, sans crainte d'éprouver d'échec.

Afin de pouvoir faire en France, suivant les règles de la régie, les modèles nécessaires pour guider les colons dans cette fabrication, il serait à désirer que l'on adressât un nouvel échantillon de 10 kilogr. euviron, qui, cette fois, serait emballé sous sacs pareils aux sacs à café.

Cet envoi aurait pour but de s'assurer, non-seulement si les instructions concernant le triage, etc., ont été bien comprises, mais de juger encore s'il ne serait pas possible d'adopter un mode d'emballage plus économique que celui en caisses ou en boucauts.

Avant la modification apportée à l'emballage de la régie, les boucauts revenaient à 10 francs environ. Aujourd'hui, tous les tabacs de France sont emballés sous toile, ce qui a procuré, non-seulement une économie de prix, mais encore une économie dans les frais de transport. En effet, un boucaut de la contenance de 500 kilogr. de tabac pesait 570 kilogr., tandis que la même quantité de tabac emballée sous toile ne pèse plus que 505 kilogr., avec une tare de 5 kilogr. seulement au lieu de 70.

Pour opérer l'emballage sous sac, on procédera de la manière suivante :

Après avoir, par la presse, donné une forme rectangulaire au tabac, on le recouvrira de quelques feuilles minces à large superficie, si c'est possible, en ayant soin de n'employer aucune feuille verte qui pourrait communiquer une odeur quelconque aux autres feuilles. Cela fait, on enveloppera le tabac dans le sac au moyen de coutures effectuées aux arêtes. On liera ensuite le ballot par une corde passée en croix sur toutes les faces.

D'autres questions économiques se présenteront au fur et à mesure; elles convaincront les colonies que le tabac est d'un immense avantage et que tous les soins qu'il exige, depuis le semis jusqu'à l'emballage, peuvent être faits par des femmes ou des enfants.

Elles verront que là où on le cultivera d'une manière intelligente, l'hectare rapportera au moins 2,500 francs.

Signé **HUMBERT.**

NOTE DU CABINET DU PRINCE.

Les colonies ne doivent prétendre participer à l'approvisionnement de la métropole qu'à la condition de lui offrir des tabacs à tissu fin. Les espèces, renommées autrefois, telles que le macouba, etc., ne seront plus accueillies par la régie, si elles présentent les caractères des feuilles corsées ou charnues.

Un choix judicieux des graines et du terrain, ainsi que l'attention portée à l'écimage, permettront, on l'espère, d'obtenir des feuilles fines, à odeur agréable et *non piquante;* si on ajoute à ces qualités un triage et un manoquage bien entendus, la réussite sera certaine.

Il est prudent de ne commencer les premiers essais qu'avec circonscription, sur une échelle de vingt ares pour chaque espèce de graines, et de ne les confier qu'à des hommes capables, avant de donner un grand essor aux plantations; enfin, pour apprécier exactement les avantages que peut présenter cette culture, il sera bon que l'Administration se fasse rendre compte, par quelques-uns des plus intelligents planteurs, de la superficie exacte du terrain employé par chacun, du nombre de pieds en bon état, de ceux qui auront péri et de la quantité moyenne de feuilles après l'écimage. Ces renseignements transmis au ministère seront destinés à mettre les hommes compétents à même de suivre toutes les phases de la végétation.

On insiste particulièrement sur tous ces détails parce que le succès dépend de leur stricte exécution et que la régie elle-même, faute de précautions analogues, a échoué dans une tentative de ce genre faite en Corse.

Le Chef du cabinet,

Signé **E. DE CHANCOURTOIS.**

MANUEL DU VEGUERO
(Planteur de tabac)

*Traduit de l'espagnol, de don Jose Maria Dau, par M. P. J. A.
Fereire de Saint-Antonin, contrôleur des contributions à la
Basse-Terre (Guadeloupe).*

La vente rapide des nombreux exemplaires de la première
édition de ce Manuel, et les éloges qui lui ont été prodigués
par notre presse périodique, sont les preuves les plus éclatantes
de son utilité, depuis sa publication, les modes, soit de culture, soit de préparation, se sont beaucoup perfectionnés.

Le Manuel que je publie aujourd'hui, corrigé et augmenté,
devient chaque jour d'une utilité plus grande. Il y a déjà
plusieurs années que j'ai écrit le premier, et, depuis, j'ai eu
constamment occasion de faire de nouvelles et importantes
observations; je les ai toutes consignées dans cette seconde
édition.

Lorsqu'on écrit pour la première fois sur une branche quelconque d'agriculture, il est impossible que l'on arrive de prime
abord à surmonter avec succès les difficultés qui se présentent,
et surtout dans un pays où il y a eu si peu de publications sur
une matière d'une aussi grande importance. Il ne faut cependant pas croire que j'ai la prétention de donner cette édition de
ce Manuel comme une œuvre parfaite et qui doive obtenir
l'approbation générale; les écrits qui traitent de l'agriculture
approchent d'autant plus de la perfection qu'ils ont été faits
dans un pays où l'on s'occupe de travaux agricoles. L'Angleterre est la contrée la plus avancée dans cette science, et,
pourtant, chaque jour, l'on a à y constater, soit quelque découverte, soit des difficultés qui obligent à modifier les modes de
culture.

————

> Il n'y a pas de cultivateurs pauvres
> dans un pays où la culture du tabac
> est permise et quand on suit une
> bonne méthode de culture.
>
> GRUET, *Culture du tabac.*

La culture du tabac est le plus beau fleuron de l'agriculture cubaine, et c'est celle que nous envie le monde entier ; les contrées qui se distinguent le plus par la perfection de leur agriculture, en général, ont fait les plus grands efforts pour produire du tabac qui, par ses qualités, approchât de celui de cette île, mais aucune n'y est parvenue.

Le tabac, plante que nous connaissons sous ce nom depuis près de trois siècles, et qui, au dire d'Oviédo, était ainsi nommée par les Indiens de l'île de Cuba, reçut depuis la dénomination de *nicotiane*, pour avoir été introduite en France par Jean Nicot. Les botanistes l'appellent *nicotiam tabacum*. Ferñando de Tolède fut le premier qui l'introduisit en Europe, par l'Espagne et le Portugal.

Le tabac a une propriété narcotique ; il est antispasmodique ; c'est aussi un vomitif purgatif et un sudorifique. Après qu'il a été préparé pour la consommation, on emploie son extrait ou simplement une décoction de ses feuilles comme un spécifique infaillible pour l'affection que nous connaissons vulgairement sous le nom de spasme de l'estomac, maladie qui devient mortelle en peu d'instants si l'on néglige le malade. On l'administre aussi à ceux qui sont attaqués du tétanos, et on préconise beaucoup les bons effets que l'on obtient de son emploi dans cette terrible maladie. L'on connaît les résultats avantageux que l'on obtient de son extrait, en s'en servant en frictions pour combattre la paralysie des membres. Nous n'en finirions pas si nous voulions décrire toutes les vertus médicinales que renferme cette admirable plante.

Le tabac est arrivé au point d'être un article de première nécessité, par conséquent sa culture est considérée comme une des principales branches de l'agriculture, particulièrement dans ce pays ; de plus, la réputation de notre tabac s'est tellement étendue, que, même dans les pays les plus reculés du globe, on ne trouve personne qui ne mette une certaine gloire à fumer du tabac de la Havane, et si, à force d'améliorer la culture, nous arrivions à le livrer à meilleur marché, la consommation s'en augmenterait, et produirait les mêmes avantages et même des avantages supérieurs à ceux que nous avons obtenus jusqu'à ce jour.

La culture du tabac présente plus de diversités que celle
d'aucune autre plante. Chaque district présente des modes de
culture différents, et ces modes varient dans le même district,
selon les localités, en raison de la plus grande ou de la moindre
instruction des planteurs, ou de leur expérience, ou des pré-
ventions si difficiles à détruire.

C'est une tâche bien grande que celle de faire un ouvrage
magistral à l'usage des planteurs de tabac, et en attendant la
publication d'un ouvrage si désiré, je leur offre ce Manuel, qui
ne manquera pas d'intérêt pour des travailleurs si utiles. C'est
le seul moyen d'introduire l'uniformité voulue dans cette culture qui mérite nos préférences, et dans la préparation du
tabac. Ce travail est le fruit de mon séjour constant à la campagne; j'ai demeuré longtemps dans la Vuelta-Abajo (la partie
de l'ouest ou d'en bas) au milieu de centaines de vegas (vega,
terrain consacré à la culture du tabac) situées, les unes sur le
bord des ruisseaux, les autres sur des collines élevées, d'autres
dans les plus profondes vallées, et partout j'ai eu assez d'occasions de m'adonner à des observations les plus variées; et, ne
me contentant pas de mes travaux antérieurs, j'ai voulu, pour
mener à bonne fin cet ouvrage, m'entourer de tous les éléments théoriques et pratiques, nécessaires pour nous faire arriver à connaître les règles qui pussent nous aider à établir une
culture et une préparation bonnes, pour ne pas dire parfaites.
Tout ceci, joint aux nombreux essais que j'ai faits précédemment et que j'ai continués depuis que j'ai écrit la première fois
sur ce sujet, bien qu'ils fussent de peu d'importance, m'ont
donné des résultats utiles, et me mettent de plus en mesure
d'appliquer les améliorations dont sont susceptibles cette culture et la préparation de ses produits; toutefois, elle est la
branche la plus importante de l'agriculture du pays par le re-
venu énorme que donnent ses productions, qui n'ont aucun
rival à craindre, et par le grand nombre de gens qui se livrent
à ce travail.

La culture du tabac produit plus de bénéfices qu'aucune
autre, non-seulement dans cette île, mais encore en France,

dont le climat est si différent du nôtre; en une seule récolte, le tabac donne la valeur de la terre dans laquelle il est semé : ainsi on remarque, dit M. Gruet, agronome distingué, qu'il n'y a pas de cultivateurs pauvres dans le pays où la culture du tabac est permise, surtout quand on suit un bon mode de culture : les produits qu'on retire de cette plante, ainsi que les qualités qu'ils peuvent acquérir, sont susceptibles de grandes améliorations, ce à quoi on arrivera sûrement par le bon choix de la semence et du terrain; par l'assiduité constante que l'on doit mettre a soigner convenablement la terre et la plante, ainsi que la fermentation et la dessication de ses feuilles, etc. Je ne saurais trop recommander de mettre toute l'exactitude nécessaire dans l'accomplissement de ces opérations, et qu'une pratique rationnelle enseigne. On ne doit pas craindre de trop faire, puisque de là dépend la bonne réussite de ce que nous proposons.

Le désir d'être utile au pays m'a déterminé à prouver la vérité de mes assertions, en indiquant dans ce Manuel les moyens les plus sûrs d'augmenter les bénéfices du planteur de tabac, et d'améliorer, s'il est possible, les qualités de cette plante, afin de nous mettre chaque fois, et avec plus de chances, à même de braver impunément un rival.

Il existe plusieurs variétés de tabac, mais dans cette île on cultive les plus délicats, puisque c'est avec ces feuilles excellentes que nous fabriquons nos fameux tabacs à fumer, depuis les qualités les moins réputées jusqu'à celles que nous nommons régalias, dont la suavité, l'ardeur, le goût et l'arome, malgré toutes les peines du monde, n'ont pu être obtenus des tabacs de Virginie, de Baltimore, de France, etc.

CHAPITRE 1ᵉʳ.

TERRAIN QUI CONVIENT AU TABAC.

La terre de cette île, quelle que soit son exposition, convient à la plantation du tabac : pourtant on donne la préférence aux vallées qui, outre l'avantage de s'égoutter promptement, sont garanties des vents nuisibles du nord par des bois élevés ou par des collines.

Il y a deux espèces de terres dans lesquelles se récolte le meilleur tabac, et leur excellence a été prouvée par une longue expérience qui a réuni toutes les opinions.

1° La terre sablonneuse qui contient dans sa composition un quart de terre vierge formée de décomposition de résidus végétaux;

2° Celle qui, avec deux parties de terre de bonne qualité, en contient une au moins de sable ou gravier très-fin.

Les terres argileuses (ou fangeuses) ou celles qui sont très-humides, ne conviennent d'aucune manière au tabac, à moins qu'on ne les arrange ou qu'on ne les compose de manière qu'elles puissent acquérir les propriétés de l'une des deux qualités citées plus haut.

Les deux espèces de terre n° 1 et 2 sont celles qui conviennent le mieux pour la qualité du tabac que nous cultivons avec tant d'avantages; nonobstant, le climat de cette île est si favorable à cette précieuse plante, qu'elle se sème avec plus ou moins de succès sur toute sa superficie brute; et le produit qu'on retire du plus mauvais terrain est préférable aux qualités supérieures qu'on obtient dans les autres pays; il n'est pas besoin d'en fournir des preuves, puisque tout le monde sait que, dans le monde entier, le tabac de l'île de Cuba n'a pas de rival.

La terre de première classe, qui, comme on l'a dit, est sablonneuse, contenant un quart de détritus végétaux réduits en terreau par la décomposition, est la meilleure pour produire le tabac fin, séduisant et jaune, si apprécié des étrangers, avec lequel se fait le régalia, qui a le privilége de parfumer le palais, et qui se paye au poids de l'or. On ne doit pas s'étonner d'entendre dire unaniment à nos planteurs que c'est la terre qui donne au tabac sa nuance jaune.

La terre de deuxième classe (deux parties de bonne terre et une de sable fin) produit du tabac de qualité supérieure, de couleur cannelle plus ou moins claire; c'est celui que préfèrent les naturels.

CHAPITRE II.

DES ENGRAIS OU FUMIERS.

Les meilleures terres, ainsi que toutes les autres terres en général, s'épuisent à force de produire le tabac, parce que la partie composée de détritus végétaux tend à perdre sa vertu végétative par suite de la production. Nous savons tous que le sable manque de cette vertu quand il n'est pas mêlé à d'autres substances ; un terrain ainsi appauvri doit être aussitôt amendé, et le bon sens nous dit qu'on doit y joindre la quantité de détritus végétaux nécessaires pour lui conserver toute sa vigueur productive.

Partant de ce principe incontestable, il paraît, et l'expérience me l'a démontré, que le meilleur engrais est celui qui résulte de détritus végétaux bien pourris ; ensuite, j'ai remarqué, non pas une fois seulement, que la fiente de mouton, si recommandée par M. Gruet, donnait une si surabondante vigueur au terrain qu'elle lui faisait produire un tabac grossier, gris clair, brûlant mal, bien que très-grand. Le crottin de cheval est le seul engrais qui, employé convenablement, ne produit pas d'aussi mauvais effets ; le fumier de bœuf, quoique moins bon que celui du cheval, stimule doucement la terre et lui procure une certaine onctuosité qui ne fait pas mal.

De tout ce qui précède, nous déduisons que l'engrais qui convient plus qu'aucun autre aux deux espèces de terres citées plus haut et à toutes les autres, doit se composer de végétaux en décomposition et réduits presque à l'état de terreau, contenant un quart de fumier de cheval et de bœuf bien pulvérisé.

Toute espèce de plantes peut servir à composer cet engrais, mais les principales qu'on doit employer sont tous les fragments ou dépouilles du tabac qui se balaient dans les séchoirs ou cases à tabac, les côtes de ses feuilles qu'enlèvent les fabricants et le genet ou jonc d'Espagne arraché avec toutes ses racines ; on y fait entrer toutes les plantes sèches recueillies dans les bois, toutes les herbes qui couvrent les champs, les joncs du pays et les deux espèces de millet cultivées ici, etc., et le guano (plante de la famille des thérébintacées). On peut aussi y mélanger, quant on veut le stimuler davantage, les balayures des maisons, des porcheries, des colombiers et des poulaillers; la fiente de pigeon est tellement stimulante, qu'il ne faut s'en servir qu'avec beaucoup de précaution; elle doit entrer au plus pour un centième dans la composition d'un engrais quelconque.

Pour plus de clarté, nous nommerons *compost fertilisant*, l'engrais formé de différentes substances, et nous nommerons *engrais* chacune des matières qui entrent dans sa composition.

Ainsi, pour former des composts fertilisants, on amoncellera, sous un toit de paille ou de guano, toutes les substances ou engrais que j'ai indiqués, en les alternant à mesure qu'on les recueille, abandonnant les uns, préférant les autres, selon le compost qu'exige le plus ou le moins de degré de fertilité de la terre, et on arrosera ces matières deux ou trois fois par jour ou plus souvent, selon la grandeur du tas ou des tas que l'on a faits. Ce tas, nous devons le décrire afin d'éviter toute erreur dans la pratique.

Quand la pile ou le tas de compost est arrivé à une hauteur de trois vares (trois mètres) et à une largeur de base de cinq ou six mètres, on l'entoure de pieux fixés en terre verticalement; on revêt cette enceinte au dehors de roseaux doublés; les pieux seront de trois mètres de hauteur, en les posant en dedans même des traverses, ce qui assujettira le fumier que l'on tirera contre l'enceinte au moyen de crocs. Ce dépôt achève de s'emplir ou de se compléter avec les engrais convenables, ayant toutefois soin de ne se pas tromper dans les proportions, et la partie supérieure doit avoir la forme d'un cône (ou pain de sucre) et devra être couverte d'une couche de neuf pouces ou plus, de terre, disposée sur la superficie du cône, ou de la fange tirée de quelque ornière ou bas-fonds, ou de la boue des ruisseaux ou lagunes; cette couverture s'applique pétrie avec de l'eau afin de couvrir le compost de telle sorte, que d'aucun point ne puisse s'échapper la vapeur produite par la fermentation des différents engrais ou substances agglomérées.

La terre dont se compose la croûte végétale des bois, est presque toute formée de la décomposition des détritus végétaux, et par conséquent est un engrais déjà préparé et fort riche.

Quand un tas de compost fertilisant est déjà entouré et couvert de la manière indiquée, on en forme un second, puis un troisième, et enfin on en forme autant qu'il en faut pour fumer convenablement le terrain destiné à produire les graines, les semis, et à recevoir la transplantation.

Un bon journalier employé toute l'année à ce travail suffit pour préparer tout le compost nécessaire à un huitième de caballeria (1) (un hectare 65 ares), et on doit faire les sacrifices nécessaires pour conserver un homme qui s'acquitte de cette tâche indispensable avec intelligence et exactitude.

Tout planteur de tabac et tout agriculteur en général, doit se persuader que la misère et le découragement sont le résultat infaillible qu'il obtient, s'il néglige de bien préparer les terres au moyen de l'engrais ou compost convenable à chacune d'elles, selon sa qualité et selon l'espèce de plantes que l'on veut cultiver. Ainsi il retirera plus de profit de ne semer que ce qu'il peut strictement entretenir avec les soins nécessaires, que de semer plus qu'il ne doit et s'épuiser au travail pour ne récolter que des produits mesquins quand les travaux préliminaires ont été négligés. Tout travailleur qui fumera ses terres avec intelligence aura moins de travail par la suite, et verra ses soins largement rémunérés; et ceci est bien démontré par les plus constants exemples chez les peuples les plus avancés en agriculture. En France, en Angleterre, en Allemagne, en Suisse, il est passé en proverbe que les engrais enrichissent les propriétaires et les fermiers, sans perdre de vue que ces derniers tirent doublement la rente de la terre qui a été fumée par une main habile.

On ne saurait jamais trop engager nos planteurs de tabac à

---

(1) Une caballeria contient 33 acres américains, ou 13 hectares 1/2; un huitième (octava) est donc de 1 hectare 65 ares.

engraisser leurs terres ; mais comme je considère ce travail comme le plus important pour l'agriculture, et bien qu'il n'y ait rien à espérer d'un sol infertile quoique l'on ait exécuté comme il faut les autres travaux, je dois leur rappeler qu'il n'y a pas un seul d'entre eux qui ignore que pour faire des semis, il est nécessaire et même indispensable de chercher des terrains vierges ou ceux sur lesquels il y a eu des porcheries ou des parcs à bœufs, et qui, par conséquent, ont été bien fumés ; ils savent aussi que dans les endroits où l'on a l'habitude de jeter les balayures des maisons, on voit des tabacs d'une grande taille et de bonne qualité, tandis qu'à très-peu de distance on remarque sur les tiges des feuilles très-petites, quoique ces tiges soient élevées ; tout le monde est convaincu de l'exactitude de ces observations ; mais comme ils n'ont jamais essayé de fumer leurs terres, cette simple opération leur paraît d'une exécution impossible. Quelques exemples dans chaque district suffiraient pour détruire une si funeste prévention. Quelques propriétaires ayant fumé leurs plantations en négligeant toutefois d'y porter les soins nécessaires, éprouvèrent des déceptions ; ils arrivèrent par là à se convaincre que sans engrais on ne peut faire venir comme il faut du tabac dans les terres épuisées ; après avoir lu la première édition de ce manuel, ils se déterminèrent à fumer leurs plantations ; ils ne l'avaient pas fait auparavant parce qu'ils étaient dans cette erreur que la terre fumée produit de mauvais tabac quoiqu'il devînt fort beau ; et cela peut arriver quand le compost fertilisant est formé d'engrais impropres ; formez-le de la manière que j'indique, appliquez-le avec intelligence, et les bons résultats ne nous surprendront pas.

Le même compost fertilisant convient à la deuxième classe de terre, en y mêlant une plus grande quantité de crottin de cheval non encore bien consommé, parce que, dans cette qualité de terre, le sable se rencontre en petite quantité, et ce fumier à la propriété de s'interposer, comme ferait le sable, entre les molécules de la terre en la divisant et la rendant plus légère. Ce fumier de cheval contient beaucoup de paille qui, non encore consommée, et ayant une certaine consistance, fait comme le sable, l'office de diviseur; et la division de la terre, et par conséquent sa perméabilité, est d'une importance première pour toutes les cultures, et principalement pour celle du tabac. Il serait donc bon que l'on trouvât toujours du sable dans la proportion où il se rencontre dans la première classe de terre. Cela indique que l'on doit mêler du sable fin au compost fertilisant, et comme le sable se conserve, ne disparaît pas, ce serait une amélioration permanente qui irait toujours en bonifiant la terre jusqu'à ce qu'on arrivât à y faire entrer la quantité suffisante. Le sable n'est pas difficile à se procurer, et, le fut-il, nous devrions faire les sacrifices nécessaires pour en avoir; cinq ou six charretées par an ne reviennent pas à un haut prix, et au bout d'un certain nombre d'années, on aura un huitième de caballeria (1 hectare 65 ares), contenant la quantité de sable nécessaire. Ce sable peut être de celui dont se servent les tuiliers pour faire des terrines; il est excellent et se rencontre partout. On trouve aussi du sable très-bon sur les bords de beaucoup de ruisseaux et de rivières; il s'en trouve encore dans toutes les vallées; et si la mer n'est pas éloignée, on en ramasse sur ses bords d'assez menu qu'on passera à travers un crible pour le séparer du gravois. Si, convaincus par le raisonnement et l'expérience, nous communiquons à la terre cette importante amélioration, on trouvera des spéculateurs qui fourniront aux cultivateurs du sable de bonne qualité à un prix modéré; et, en outre, le planteur en serait quitte pour le recueillir lui-même dans les lieux indiqués.

Comme le tabac vient dans tous les terrains de cette île, et comme tous veulent en semer, il serait convenable que chacun étudiât la qualité de ses terres afin de les préparer de la manière la plus avantageuse, en approchant le plus possible de la composition naturelle des deux classes de terres les plus propres à la culture de cette plante. Ceci ne se peut faire sans beaucoup de méthode et de patience, et sans une connaissance aussi exacte de la quantité de sable et de fumier de cheval qui doit former le compost; et surtout n'étendre les travaux que dans la limite du possible, car une petite étendue de terre bien préparée rend plus et des produits de meilleure qualité, qu'une grande superficie mal préparée.

Il est impossible que le compost fertilisateur que je propose, appliqué convenablement, ne donne à la terre toute la vigueur nécessaire pour produire du tabac d'un volume et de qualités qui lui soient propres. On dit qu'il y a des plantations dont les terres ne se fatiguent jamais de produire du tabac, et toujours des mêmes dimensions, sans qu'il soit besoin de les fumer. On attribue ces conditions de fertilité à certains morceaux de terres très-rares; mais observez bien d'où leur vient leur engrais, parce que sans cela, il est certain qu'elles se fatigueraient de produire, autrement il faudrait nier une des plus grandes vérités, qui est qu'il n'y a rien au monde qui ne s'use; et bien que cette supposition de fertilïté puisse être fondée d'après ce qui ce passe sur les bords de quelques ruisseaux, l'observation a constaté des faits qui prouvent que le contraire à lieu ordinairement. Les grandes crues des rivières, qui se répètent presque tous les ans, laissent sur leur bords sablonneux un dépôt d'humus très-riche; cet humus est formé entièrement de substances végétales en décomposition et entraînées des forêts aux rivières par les pluies qui en troublent les eaux, dont le volume est augmenté au point de les faire déborder; la même chose a lieu dans les vallées entourées de collines, car alors les pluies y déposent les dépouilles des végétaux dont elles se chargent dans les terres hautes; et on sait que les meilleures terres se trouvent dans ces deux situations. Dans tous les cas, c'est la preuve que la terre a besoin d'être fumée, et que le sable fin mêlé de détritus végétaux en décomposition et presque réduits en poudre qu'entraînent les eaux pluviales, forment le meilleur compost pour fertiliser la terre et la rendre apte à produire d'excellent tabac; si M. Gruet à raison de recommander le fumier de mouton, c'est parce que les terres froides de l'Europe exigent des stimulants puissants pour produire cette plante; mais son opinion changerait si, placé au centre de nos plantations, il écrivait pour nous. Les seuls engrais animaux que l'on peut mêler au compost, sont les fumiers produits par nos troupeaux de chevaux, mulets ou bœufs.

Pour fumer une terre qui commence à perdre de sa qualité, il suffit d'un kilogramme 500 grammes (3 livres) de compost fertilisateur pour chaque mètre carré de superficie, employés avant le premier labour, et, si c'est possible, le soir du jour qui précède cette opération, autrement le compost se dessécherait en perdant ses meilleures qualités; cinq livres (2 kilog. 500 grammes) sont nécessaires pour la terre qui ne produit plus que des feuilles très-petites et des tiges maigres, et ensuite de six jusqu'à huit livres (3 à 4 kilogrammes) pour celles qui produisent à grand peine un tabac de valeur complétement nulle; pour les semis il faut employer le maximum, huit livres (4 kilogrammes) par mètre carré de superficie, car il se mêle alors bien à la terre qui contient l'humus.

La principale chose que doit faire quiconque n'a pas vu fumer la terre, est de calculer le nombre de kilogrammes nécessaires à une caballeria de terre (13 hectares 50 ares) entièrement fatiguée et il s'effrayera de trouver que la quantité de compost montera à 1,492,992 livres (746,496 kilogrammes). Où prendre cette quantité de fumier? Qui la lui vendra? S'adresser à qui vend les fumiers et les compost, et les payer, cela suppose un capital! de suite on déduira de ce qui précède que la culture du tabac ne peut être avantageuse aux pauvres gens.

Quand la nécessité, stimulant qui réveille les endormis, oblige de pratiquer la fumure des terres et de la généraliser, sous peine de ne pas récolter, il ne manquera pas de travailleurs qui n'auront d'autres occupations que celles de ramasser des engrais et de préparer des compost pour les vendre, et cela formera une branche d'industrie assez importante pour employer beaucoup de bras, et à laquelle pourra se livrer cette partie de travailleurs qui n'a pas le capital nécessaire pour louer des terres, capital indispensable sans lequel tout se réduira à des méthodes de culture imparfaites, et qui ne feraient qu'augmenter chaque jour la misère du fermier; le propriétaire y perdrait aussi, et l'on verrait tomber en discrédit cette bran-

che privilégiée de notre agriculture pour l'encouragement de
laquelle nous devons faire les plus grands et les plus utiles
sacrifices.

Un huitième de caballeria (1 hectare 65 ares) ne demande
pas un capital que l'on ne puisse se procurer en ce pays. Cette
étendue de terrain bien cultivée, produit assez de tabac pour
enrichir en peu de temps un planteur instruit et laborieux, et
voici comment il n'est pas urgent d'avoir plus d'un huitième
du fumier calculé pour une caballeria (13 hectares 50 ares),
car on peut, chaque fois, en faire au milieu de la plantation
plus qu'il n'en faut, et le surplus en serait consacré aux légumes, aux grains, etc. Sur le terrain destiné à la culture du
tabac, on pourra tenir à l'attache les bœufs, la vache et sa
suite, les deux juments destinées à charroyer les engrais, la
chèvre et au moins deux truies, en distribuant sur le terrain
même le fourrage nécessaire à la nourriture de ces animaux ;
les produits fournis par leurs déjections et les résidus du fourrage de cinq animaux de grande taille et quatre de moyenne,
forment une quantité de fumier d'une assez grande importance ;
de plus on peut recueillir une bonne quantité de substances
végétales tant sur les lieux mêmes qu'aux alentours ; je les ai
déjà mentionnées, et il ne faudra pas toujours le maximum de
fumier si, lors de la location de la terre, celle-ci n'avait pas
entièrement perdu sa fertilité. En France on emploi le fumier
de trois bêtes à cornes pour fumer convenablement un hectare ;
c'est le maximum qu'on emploie (1). Notre caballeria contient
13 hectares 50 ares, chaque hectare est donc moindre qu'un
huitième de caballeria ; cette dernière mesure peut donc utiliser les déjections de cinq animaux de grande taille et celles
des quatre plus petits, ainsi que tous les résidus dont j'ai
parlé ; de plus, s'il y a nécessité d'acheter des engrais, la quantité n'en sera pas considérable ; et ce qui paraissait un éléphant,
se réduit à la grosseur d'une puce.

Une analyse que j'ai faite souvent des terres des propriétés

---

(1) *Journal des connaissances utiles*, année 1832 (particulière).

les mieux situées sur les bords des rivières le plus en réputation, a suffi pour me convaincre que le compost formé des déjections des animaux n'est pas nécessaire à la production d'excellent tabac. Comme essai, fumer cent tiges de tabac avec du fumier de mouton mêlé suffisamment de paille, ainsi que le conseillent les agronomes européens, et les plantes n'auront par la vigueur de celles qui auront reçu des fumiers purement végétaux. Les feuilles des premières cent tiges seront grossières, rudes, velues ; leur couleur, après la fermentation, deviendra d'un gris très-foncé ; le même tabac récolté par la suite (probablement après que la force de ce premier engrais aura disparu) aura les feuilles minces, soyeuses et une couleur jaune après la préparation. Il est une vérité que n'ignore personne et qui corrobore victorieusement mon opinion, c'est que la terre vierge est la plus fertile, la meilleure de toutes ; elle n'est autre chose qu'un compost formé pendant le cours des siècles, de la décomposition des dépouilles des arbres et arbrisseaux des forêts.

Il serait cependant très-utile que d'autres fissent ces mêmes essais et nous communiquassent leurs résultats. C'est ce qui donne à l'autorité de M. Gruet une si grande force. Pour le moment, qu'il nous suffise de savoir que le compost fertilisateur que j'ai expérimenté est excellent et facile à faire, que, d'après les agronomes les plus célèbres, toute culture suppose des engrais divers formant compost ; que celui qui veut obtenir beaucoup de la terre, et par conséquent obtenir de beaux résultats, doit lui donner beaucoup ; que la terre produit les engrais nécessaires à la formation des composts, et qu'après leur préparation elle veut qu'on les lui applique avec intelligence.

CHAPITRE III.

PRÉPARATION DU TERRAIN.

Dès le mois de juillet, on commence à préparer la terre. La première chose à faire est d'y porter le compost, de l'y étendre, après avoir coupé au raz du terrain les broussailles et les avoir brûlé sur place. Immédiatement après on donne le premier labour en rompant la terre avec la charrue. On donne ensuite un second labour qui croise le premier, puis un troisième. On doit donner trois, quatre labours et même plus, selon que la terre est plus ou moins meuble. Le dernier, qui doit former les sillons pour recevoir les plants, doit se donner dans l'après-midi du jour qui précède la transplantation ou le semis, et le mieux serait de sillonner et planter en même temps afin que les plantes trouvent la terre, comme le dit M. Gruet, fraîche, meuble, et aussi dans le but de détruire ou de chasser les insectes nuisibles à la plante encore tendre quand elle jette ses racines nouvelles et acquiert la force nécessaire pour résister à leurs attaques.

La coupe et la combustion des broussailles améliorent le terrain parce que la cendre qui résulte de cette combustion fume la terre, et beaucoup d'insectes qui se réfugient dans les mottes de terres périssent tandis qu'elles se dessèchent.

Le premier labour demande à être fait avec intelligence; la charrue ne doit pas enfoncer en terre plus de quatre pouces, et les sillons doivent être très-unis. Le but que doit se proposer le laboureur dans ce premier labour est de rompre très-superficiellement le terrain, et d'autant plus superficiellement que la terre est plus compacte. Il y a deux motifs péremptoires pour agir ainsi; le premier, d'éviter les mottes, parce qu'une fois formées, on a de la peine à les faire disparaître, et elles sont un véritable embarras pour les labours suivants; le second motif est qu'en approfondissant démesurément avec le soc, les bœufs font des efforts extraordinaires qui brisent les charrues.

Dans le second labour on agira comme dans le premier, dans le même but d'éviter les mottes de terre; de cette manière, la première couche du terrain restera bien meuble et bien mêlée au compost fertilisateur.

Après le second labour, on passera sur toute la terre labourée un rateau dentelé, nommé herse; cet instrument réduit les mottes les plus petites en une poudre très-fine. Ceci fait, on donne le troisième labour en approfondissant un peu plus avec la charrue; ensuite on passe la herse; après, se donne le quatrième labour, puis la herse, et la terre se trouve parfaitement préparée.

Chaque fois que l'on donne un labour et qu'on passe la herse, on ramasse les racines arrachées par cet instrument énergique, et on les brûle; la terre demeure complétement nettoyée, Vous verrez alors combien la terre sera intimement mêlée au compost.

La préparation de la terre se fait avec la plus grande imperfection sur nos plantations. On soulève des mottes énormes dans le premier labour, et pour les rompre, on passe ce que nous appelons l'applanisseur, qui n'est autre chose qu'un rouleau ou cylindre imparfait qui ne tourne même pas autour de son axe; il est ainsi inefficace pour briser les mottes, et encore moins pour préparer le terrain.

Émietter bien la terre est une opération indispensable, et dans l'exécution de laquelle doit se trouver toute la perfection, non-seulement parce qu'ainsi la terre absorbe mieux les eaux pluviales, mais encore parce que les racines des plantes s'étendent avec plus de facilité, se nourrissent mieux, souffrent moins de la sécheresse, pour deux raisons : la première, parce que croissant avec plus de vigueur, la plante couvre de ses grandes feuilles la terre; la seconde, parce que, plus la terre est divisée, mieux elle conserve l'humidité.

Un travailleur actif et bon praticien, émiettera ses terres à la perfection; il faut savoir flatter et conserver un pareil travailleur, car de son travail dépend toute la réussite.

Sur les collines et dans les fonds neufs où la charrue ne peut aller, après avoir coupé et brûlé toutes les broussailles et les fragments de leurs bois, la terre se prépare au moyen de hoyaux, avec lesquels on forme des fosses ou sillons de douze pouces de largeur et d'au moins six de profondeur; dans ces sillons se sèment les plantes.

Les fonds neufs ne nécessitent pas l'emploi du fumier parce que la terre y est vierge, et par conséquent elle est dans toute sa vigueur végétative. Les terres vieilles des collines doivent être fumées, mais comme on ne peut les labourer à cause de leur pente, on forme les sillons avec le boyau, et à chaque douze pouces, ou mettra dans le sillon un demi-kilogramme (une livre) de compost, ou davantage, selon qu'il y aura nécessité. Le compost étant en outre bien consommé, se mêlera bien avec la terre émiettée au moyen du boyau, ou avec une fourche en fer d'une grandeur appropriée, et dont le manche en bois ait une longueur d'un mètre au plus, et ses dents courbées. Si l'engrais n'est pas bien mêlé à la terre, il peut nuire à la plante en la surexitant excessivement par son agglomération dans certains endroits.

Dans les contrées où l'agriculture est la plus avancée, on ne laisse jamais reposer la terre destinée à la culture du tabac; et en France, particulièrement, les terres à tabac ont d'autant plus de prix, qu'il y a plus longtemps qu'on y fait cette culture, et ce n'y est pas une chose merveilleuse de voir vendre un hectare de terre produisant de longue date du tabac, sept mille francs (voir Gruet, *Culture du tabac*). Par conséquent une caballeria (13 hectares 50 ares), vaudrait, dans les mêmes conditions, 94,500 francs.

<h2 style="text-align:center">CHAPITRE IV.</h2>

<h3 style="text-align:center">SEMIS.</h3>

Le mode le plus usité de régir les semis de tabac en ce pays, est d'arroser à la main les plantes dans un terrain nouvellement défriché; et on y est tellement convaincu de l'excellence de ce mode, que celui qui, dans son district, n'a pas d'autre embarras que d'essarter à cette fin, va quelques fois à une demi-lieue et même plus loin pour cela, afin de faire ses semis; et comme il ne les a pas près de lui, il ne peut les entretenir avec le soin voulu; et quand au milieu de cet abandon ont poussé tant bien que mal les plantes, celles-ci se trouvent en présence de nombreux ennemis. Si, indépendamment de tout cela, elles ont poussé en grand nombre ou en petit nombre, arrive le Veguero (un planteur de tabac), qui a été moins heureux que lui et qui les enlève toutes ou la majeure partie, parce que celte année là, beaucoup de ses plants n'ont pas poussé et qu'il n'a pu s'en procurer d'autres de ceux qui font commerce d'en vendre. L'agriculteur qui, sans le capital nécessaire, se met fermier, travaillera à perte; on ne devrait donner des terres à ferme qu'au travailleur qui prouverait qu'il possède le capital nécessaire à son entreprise; on aurait plus de journaliers, qui aidant ceux qui ont un capital, finiraient par amasser suffisamment pour devenir fermiers à leur tour, respectant la grande maxime qui recommande la liberté en industrie, je pense cependant qu'en même temps, il y a des cas exceptionnels, et l'expérience m'a prouvé que ceux-ci sont du nombre.

Les semis en plates-bandes (ou couches) sont préférables, parce qu'on les a sous la main pour leur donner les soins qu'ils exigent. Ils sont plus assurés, tant par l'attention qu'on a d'eux, qu'étant près des maisons, ils ne peuvent disparaître ni recevoir de dommages des animaux ; et les jeunes plants, dans ces couches, acquerront de la vigueur et de la fraîcheur. Les côtés et les devants de ces couches se font avec des planches de palmier royal ou de bâtons fichés côte à côte ; il leur suffit d'avoir cinq ou six pouces de hauteur (16 à 18 centimètres), à partir de la superficie du sol. On commence par bien bêcher le terrain au-dedans des couches, que l'on a eu déjà soin de purger des racines qui s'y trouvent, des pierres et autres embarras. La terre des couches se divise avec le compost, en le mélant avec 2/3 de la terre ramassée à la superficie du terrain et passée à travers un crible pour la débarrasser des mottes, pierres, racines, etc. Si la terre est sablonneuse, elle n'en sera que meilleure. Ceci terminée, on sème les graines en les laissant tomber sur la couche au moyen d'un crible fin approprié à cet usage. Ces graines doivent être mélées avec du sable de même grosseur. Ce mélange doit se faire dans les proportions de une partie de semences et neuf parties de sable ou terre sablonneuse (Gruet). On couvre ensuite la semence d'une couche fortement tiercée de compost et de la même terre, se servant toujours, pour cela, du même crible.

Dans une couche de dix mètres de longueur sur un et demi de

largeur, tiennent 4,860 plants, occupant chacun quatre pouces carrés ; il est inutile de semer plus de graines qu'il ne faut, parce que si l'on en sème beaucoup, elles pousseront très-touffues, les plantes seront plus débiles et n'acquerreront jamais la force suffisante pour devenir de belles tiges de tabac ; moi-même, j'ai compté sur une feuille de papier blanc les graines qui entraient dans une petite mesure, et cela m'a servi de règle pour savoir exactement la quantité qui devait en être semée, y ajoutant toujours un cinquième en plus pour compenser ce qui ne pousse pas. Préparer une mesure fixe pour les semences est un travail qui se fait une fois pour toujours, si on la conserve. En adoptant le système de conserver des plantes mères, on aura plus rarement des plants qui manqueront ; la même mesure sert pour le sable que l'on mêle aux semences. Le jardinier qui sème des graines de jardinage de telle sorte que les plantes naissent très-touffues, fait preuve de peu d'intelligence ; on en trouve peu qui ignorent qu'en employant seulement la quantité de semences purement nécessaires, mêlées à du sable ou à de la terre, on obtient des plantes de meilleure pousse, et on peut les éclaircir sans endommager les autres. De cette manière on obtient les semis ; et c'est un objet tellement important, que de lui dépend presque toute la réussite de la plantation. On peut même en faire une spéculation ; en ne suivant pas les prescriptions établies plus haut en ce qui concerne les semis, il peut arriver que les plantes poussent, mais, par suite de leur faiblesse, elles meurent et disparaissent. Arrivent alors des planteurs de tabac qui cherchent des plants à acheter, et souvent la rareté en est telle, que les bonnes saisons se passent sans qu'ils puissent s'en procurer. Dans le temps des semailles, on voit, dans chaque capitainerie de canton, un essaim de planteurs obtenant des autorisations pour aller à trois, à huit lieues et même plus loin acheter des plants, et beaucoup d'entre eux s'en retournent avec leurs banases (paniers formant bâts) entièrement vides.

Le premier manuel que je publiai décida ceux qui étaient les plus avisés à former des plates-bandes ou couches ; mais

tous n'ont pas suivi exactement le conseil que je donnais de
mesurer la quantité de semences. Nonobstant, on n'a pas eu à
constater une si grande disette de plantes ces dernières années.
Pour n'avoir pas piqué le fond de leurs couches, pour n'avoir
pas bien préparé leur compost, ne l'avoir pas tiercé avec de la
terre sablonneuse passée au crible, il en est résulté que les
insectes qui n'ont échappé à la mort que parce que la matière
qui les enveloppait n'était pas arrivée à une fermentation parfaite, dévorèrent beaucoup de plantes.

L'expérience est venue ensuite nous apprendre à préserver
les couches des insectes. On obtient cela en faisant en sorte de
séparer les couches de la superficie du sol. Un ancien cultivateur du district de Guatao nous cita l'exemple de ce qui lui
arriva dans l'année 1845 : ayant remarqué que les insectes
avaient envahi ses couches qui reposaient sur le sol, il planta
des fourches de bois de vingt pouces (45 à 46 centimètres) de
hauteur, et sur elles, avec des bâtons et des ais, il forma des
casiers de six pouces (16 centimètres environ) de profondeur,
qu'il remplit de bonne terre, et il obtint de belles plantes et en
grand nombre.

Il est très-facile d'employer un moyen si simple qu'a pu
mettre en pratique un pauvre et ancien cultivateur, et comme
un bon moyen donne naissance à un autre qui le perfectionne,
nous pourrions adopter des idées qui, bien qu'isolées, paraissent rationnelles, et dont l'exécution est fort simple. Le cultivateur cité plus haut trouva le moyen de combattre sans
relâche et dès le principe, les insectes qui étaient restés dans
la terre de ses couches élevées du sol et de les détruire. On
peut remédier à ce grave inconvénient avec simplicité et efficacité. On fera chauffer la terre dans un chaudron de fer, et du
chaudron, elle sera versée dans les couches; ce degré de
chaleur que subira la terre, sera suffisant pour tuer les insectes
qui s'y trouvent avant qu'ils puissent aller sur les couches. Il
y a dans ceci un autre avantage, c'est de rendre la terre d'une
meilleure qualité. Beaucoup de personnes savent que les terres
très fatiguées s'améliorent sensiblement quand elles reçoivent

le bénéfice de l'incinération. Les cultivateurs instruits et laborieux de la Catalogne connaissent tout l'avantage de cette opération. Chaque jour nous remarquons que, dans nos campagnes et sur les points où l'on brûle des tas de broussailles, on obtient des plantes d'une grande vigueur, tandis que celles qui les entourent ont un aspect mesquin. A chaque pas nous rencontrons de bons semis de tabac sur le terrain où l'on a fait du charbon de bois, et là, la terre a éprouvé un degré de chaleur très-élevé. La chaleur qu'éprouve la terre dans les couches suffit pour détruire les insectes contenus dans le compost fertilisateur, si, dans sa composition, on y joint les deux conditions prescrites.

L'apparition des insectes dans les couches élevées du sol ne me paraît pas entièrement prévue, car ils y peuvent monter par les fourches de suprort; mais il est facile de les prévenir en appliquant du goudron vers le milieu de ces fourches.

Il existe encore un grave inconvénient, ce sont les papillons qui viennent des chenilles sur les plantes, parce qu'ils volent partout et viennent en grand nombre déposer leurs milliers d'œufs dans le cœur tendre du tabac. Ceci est encore très-facile à éviter en posant un filet sur les couches; le filet peut être fait avec de la ficelle ou du fil d'archal, et les mailles en seront étroites afin que les petits papillons ne puissent passer au travers.

Je crois que tout le monde sera convaincu de l'utilité et de la facile exécution de ce genre de semis. On ne peut douter que nous soyons arrivés, par la pratique, à la perfection de ce genre de semis, sans lequel il n'y a pas à compter sur des plantations de tabac faites à temps. Chaque cultivateur peut former ces semis, et toute la dépense se réduit à celle du filet. Le reste consiste en piquets et tablettes de palmier qui ne coûtent rien ou fort peu.

Quinze couches, de la dimension que nous avons indiquée, produisent 68,000 plants, nombre qui entre dans un huitième de caballeria (1 hectare 65 ares), plantés à un tiers de mètre en ligne, et ces lignes séparées entre elles de la largeur d'un mètre. Il est toujours indispensable de faire deux ou trois couches de plus qu'il est nécessaire pour les semis; il faut donc dix-huit couches pour parer aux éventualités. Ceux qui, en même temps, voudront vendre des plants, pourront couvrir une seconde fois de semis ces couches, de la manière expliquée plus haut.

Les endroits où sont les couches doivent être entourés de piquets, de roseaux ou des fenilles d'épines, de guano (plante de la famille de térébinthacées), afin que les oiseaux domestiques ne puissent y pénétrer, ni les autres animaux. Les piquets, qui forment les côtés des couches, doivent excéder la superficie de ces couches d'un demi-mètre; sur ces piquets, on place des traverses horizontales sur lesquelles on étend, dès le principe, des feuillages qui protégent la germination des semences en les garantissant de l'action brûlante des rayons solaires, et afin qu'elles ne soient pas inondées par les fortes pluies qui portent la désorganisation dans les semis et détruisent les plants les plus tendres. Les semis faits à l'ancienne manière étaient exposés à tout. Les joncs sont entrelacés le mieux possible aux traversés, comme on le fait aux portes de chaumières, de sorte que l'on peut couvrir et découvrir avec promptitude et facilité ces couches. Don Francisco Vildosola, cavalier dévoué aux pratiques agricoles, couvre ces couches (ou plates-bandes) avec des châssis de roseau simples et très-faciles à ôter ou à poser; l'air nécessaire à la vie des plantes pénètre à travers, et ils les garantissent du soleil et de la pluie.

Deux jours après avoir semé les graines, on arrose, et les arrosages se font tous les deux jours, vers le soir, après le coucher du soleil; pour le faire, on découvre les semis, et on les laisse ainsi jusqu'au matin, après qu'ils ont reçu une heure ou deux de soleil, on les recouvre, à moins que la journée ne soit nébuleuse.

On doit se servir, pour l'arrosage, d'eau de rivière ou de pluie; l'eau de puits ne doit pas être employée si elle est saumâtre. L'arrosoir doit avoir ses trous très-petits, car les jets épais déplacent la terre et vont jusqu'à arracher de si tendres plantes. Après la pousse de la semence, on n'arrosera que lorsque la terre sera presque sèche; si les plants reçoivent beaucoup d'eau, ils poussent très-promptement, mais les tiges sont grêles, car les racines nécessaires à leur croissance n'ont pas eu le temps de se développer, et par conséquent les plants n'auront pas acquis la vigueur voulue pour supporter la transplantation; ils seront, par suite, très-sensibles, et pourront périr à la suite de la plus légère négligence.

Il est une chose que l'on ne doit jamais oublier de faire, c'est, lorsqu'on répandra la graine de tabac sur les couches, de retourner avec la main, dans tous les sens, le sable et la semence qui sont dans le crible, parce que le sable étant plus lourd que la graine, celle-ci a toujours une tendance à remonter à la superficie du mélange par le mouvement que l'on communique au crible, et le sable se précipite par son plus grand poids. Si l'on n'agit pas ainsi, les graines ne se trouveront pas réparties avec égalité sur la superficie des couches, et pousseront groupées sur quelques points, laissant entre elles des espaces vides.

CHAPITRE V.

SEMAILLES OU TRANSPLANTATIONS.

La transplantation du tabac peut se faire depuis août jusqu'au commencement de février. Cela dépendra de l'aspect sous lequel se présente l'année, car le temps est ce qui décide des semailles : quand il commence à pleuvoir, l'année commence, disent les planteurs de tabac. Le défaut d'arrosage est une cause de grands dommages, et l'un de ces derniers est que souvent l'époque des semailles se passe à espérer le temps favorable; on est alors dans l'obligation d'arracher les plants les plus avancés et d'en revenir à l'arrosage pour le reste. On transplante quand, après la pluie, le temps retourne au calme. On ne doit pas le faire quand il pleut avec force, car la forte pluie désagrège la terre et peut arracher les plants; on remet sur les carreaux la terre entraînée dans les sillons de manière à consolider les plants de tabac. Il est bon aussi d'éviter l'extraction par un temps sec, parce que, durant ce temps, la pousse est nulle, le tabac est stationnaire et languit. L'arrosage fait éviter ces inconvénients. La transplantation doit commencer depuis trois heures de l'après-midi, et l'on peut transplanter pendant toute la journée (à commencer dès le matin) si le temps est couvert. Les sillons devront être faits de l'Orient à l'Occident avec une charrue à grandes oreilles, à mesure qu'on plante, et on ne s'arrêtera pas que tout ne soit fini. La généralité des planteurs de tabac est d'avis de faire les sillons très-profonds. Cette opinion est basée sur ce que la plante jouit alors de plus de fraicheur, et qu'elle est moins exposée à souffrir, quand elle est tendre, des atteintes des vents de Nord à cause de la hauteur de ces sillons qui les garantissent; cela parait rationel; mais si le sillon est tellement profond, on découvre le sous-sol qui, ordinairement, est argileux; la plante se trouve ainsi sur un sol qui, d'aucune manière, ne convient au tabac; de ceci nous déduisons que la profondeur des sillons doit se régler d'après le plus ou le moins d'épaisseur de la couche végétale, afin que sous les racines il y ait au moins quatre pouces de cette même couche. A partir du 15 février on ne plantera plus de tabac, parce que les plantations faites après cette époque manquent de poids et de bonnes qualités, n'ont ni consistance, ni onctuosité.

On ne doit transplanter que les plants très-verts, ayant de cinq à six feuilles, ni plus, ni moins, sans compter les deux premières, nommées oreilles; les plants les plus élevés en taille, d'une longueur hors de proportion, ne servent pas; mais il ne faut pourtant pas les rejetter tout à fait. Acun de ces préceptes ne peut être appliqué dans la pratique avec une exclusive exactitude, ici, par le manque de bons plants, là parce que la saison de la transplantation n'a pas été favorable, et tout viendra bien si l'on a recours aux arrosages. La culture du tabac exige plus de soins que celle des autres plantes, et il faut dans leur application une grande précision. On n'obtient rien, tout est compromis si la saison ne se présente pas avantageusement; car la science, jointe à l'expérience, nous apprend que l'arrosage est le seul moyen de surmonter les inconvénients qui se présen-

tent. Avec l'arrosage on peut être sûr de perfectionner la culture et de récolter certainement le maximum de ce qu'on
espère.

Pour assurer la plantation, pour ne pas se voir dans la nécessité de faire une seconde transplantation, on doit couvrir les
plants durant les heures de la journée où l'ardeur du soleil est
la plus forte, et les découvrir vers les cinq heures du soir jusqu'au lendemain matin vers les huit heures, et continuer ainsi
sept ou huit jours après la transplantation; M. Gruet, convaincu de la nécessité de cette pratique, recommande de les
couvrir avec des tuiles creuses, qui aient trois ou quatre trous.
En France on se procure ces tuiles à très-bon marché, et bien
qu'ici elles ne soient pas à aussi bas prix, c'est une dépense qui
se fait une fois pour toutes, puisque, à moins de faire exprès
de les briser, elles durent d'autant plus qu'elles sont plus épaisses que les ordinaires. Je donnerai le conseil de les faire faire
d'une forme anguleuse comme celle d'un chevalet; de six ou huit
pouces de largeur sur dix de hauteur. Don Francisco Frias,
agronome cubanais, dont les connaissances ne peuvent être
mises en doute, a fait couvrir ou abriter les plantes avec des
nattes de roseau attachées à des pieux dont l'extrémité inférieure
se fiche en terre, afin que le vent ne les arrache pas; c'est efficace, économique et très-ingénieux.

Il est superflu de recommander de ne pas trop comprimer la
terre sur les petites racines tendres des plantes, et plus la terre
est compacte, moins on doit la comprimer.

Il y a des personnes qui ont fait l'essai de planter ou répandre des graines de tabac en terre vierge. Cela a fort bien
réussi. Ils placent jusqu'à dix graines dans de petits trous faits
le long d'une cordelle garnie de nœuds. Ce qui a donné lieu
d'agir ainsi, c'est que l'on avait observé que très-souvent, dans
les semis faits dans la montagne, les plantes qui y avaient été
oubliées devenaient de fort beaux pieds de tabac. Je me déter-
minai l'année passée (1844) à expérimenter si les vieilles terres
possédaient cet avantage; je fis lever des sillons, les mis en tas
et les fis brûler; je fis tendre une cordelle qui, à chaque distance

de douze pouces, avait une marque; dans l'endroit correspon-
dant à chacune de ces marques, je piquai la terre avec la pointe
d'un épieu; à un mètre de cette ligne j'en traçai une autre et
ainsi de suite jusqu'à ce que j'eus obtenu deux cents de ces
marques; je fis un trou circulaire de six pouces de diamètre et
autant de profondeur; la terre que j'en tirai fut mêlée à six
onces, à peu près, de compost bien préparé; avec ce mélange
je remplis les trous. Je plaçai plusieurs semences dans chacun
d'eux; j'arrosai jusqu'à ce qu'elles germassent; quand les
plantes furent un peu grandies, je les arrachai presque en
totalité, ne conservant que les plus vigoureuses. Les soins que
je leur donnai ensuite furent ceux expliqués dans le chapitre
septième, les plantes devinrent belles et donnèrent de bon
tabac.

J'avais auparavant semé de cette manière des graines de
jardin et des légumes ainsi que quelques fleurs, et toujours avec
succès. Dans le Guanajay j'obtins des choux énormes.

CHAPITRE VI.

DISTANCE A DONNER AUX PLANTES.

Quelques personnes commettent la faute de ne pas donner
une vare (un mètre) de largeur entre les rangées, c'est-à-dire
pour l'espace compris entre le centre d'un sillon et celui du
sillon à côté; il en résulte alors que les feuilles n'acquièrent
pas les dimensions qui leur sont propres; le tabac pèse peu,
manque d'onctuosité et de son arome si appétissant; les feuilles
éprouvent aussi beaucoup d'avaries des frottements des personnes qui soignent la plantation, ce qui arrive nécessairement
par suite des allées et venues fréquentes entre les rangs. Les
plants étant très-rapprochés, les feuilles du bas se gâtent; les
tiges, au lieu d'acquérir de la force, restent grêles et par conséquent très-débiles, le tabac est petit, manque de qualité et ne
mûrit jamais comme il faut.

La distance d'un nœud à l'autre sur la ligne est communément de douze pouces; tous les planteurs sont d'accord sur ce
point, et je crois que nous devons respecter cette unanimité;

mais tous ne sont pas d'accord sur la largeur à donner aux intervalles des lignes. Beaucoup d'entre eux sont d'avis de les éloigner les unes des autres de cinq palmes (45 pouces); mais, quand ils arrivent à l'application, presque tous diminuent les intervalles à quatre palmes (36 pouces); nonobstant, il y a en ceci quelques divergences d'opinion, mais jamais la diminution ou l'augmentation de largeur entre les lignes ne passe quatre pouces. Les distances qui ont toujours donné les meilleurs résultats dans toute espèce de terrain, sont de douze pouces sur la ligne, entre chaque nœud et par conséquent entre chaque pied de tabac, et de 36 pouces de largeur entre chaque rangée; et il n'est pas indifférent que les opinions soient unanimes dans cette partie si essentielle de la culture.

Dans les terres très-sablonneuses et peu riches en fumier confectionné ou en fumier végétal, les tiges de la plante deviennent très-maigres; et comme elles n'ont pas eu de fumier, on diminue les distances afin que les rangs soient plus égaux; elles se servent d'appui les unes les autres et peuvent par là résister aux chocs des forts vents; le remède est pire que le mal puisqu'on perd du temps et du travail pour récolter du tabac imparfait, sans poids, sans bonnes qualités et très-petit. Il serait beaucoup plus facile de fumer; de cette manière on ménagerait ces terrains qui sont les meilleurs pour la culture qui nous occupe, et là où, aujourd'hui, il y a tant de misère, renaîtraient la prospérité et l'abondance.

Il est bon d'observer que ce n'est pas tant le poids que l'on doit désirer dans le tabac, qu'un faisceau de feuilles minces, élastique et de couleur jaune; il pèse beaucoup moins qu'un autre faiseau d'égale grosseur dont la feuille serait grossière, velue et de couleur grise, et néanmoins les premières valent quatre fois plus.

CHAPITRE VII.

SOINS QU'EXIGE LA PLANTE DURANT SA CROISSANCE ET LA RÉCOLTE DES FEUILLES.

Aussitôt que les plantes ont de huit à dix pouces de hauteur, on en chausse le pied avec la terre et on détruit l'herbe afin qu'elles jouissent de plus de fraîcheur et acquièrent plus de vigueur; cela se fait avec la houe; ce chaussage ou butage peut se faire à n'importe quelle heure du jour si la terre est convenablement humectée par la pluie ou par l'arrosage, et aussi si le temps est nébuleux; dans le cas contraire, on n'amassera pas la terre au pied des plantes, sinon le matin jusque vers neuf heures, heure à laquelle le soleil commence à échauffer la terre qui, par suite de cette chaleur même, pourrait nuire à la plante.

Si l'on ne peut détruire l'herbe sans remuer la terre au pied de la plante, il faut avoir soin de ne pas attaquer les racines du tabac.

Après avoir terminé le buttage, et l'avoir répété aussi souvent que l'exigent les circonstances, on attend que le bouton qui annonce la fleur se montre; alors on arrête la croissance de la tige; c'est une opération qui demande beaucoup de soins. On coupe la tête ou le bouton de la plante avec l'ongle du pouce; alors la plante aura de onze à treize feuilles, sans compter les trois premières du pied, en tout, quatorze ou seize; on n'étêtera pas les boutons argentés qui ne font que poindre par la raison qu'ils ne poussent pas tous également; cette inégalité et la condition que chaque plante n'ait pas seize feuilles, sont de peu d'importance, ou nulles, si l'on ne néglige pas les fumures, si la terre est bien préparée, purgée d'herbes; si la plante est bien chaussée et arrosée à temps; si l'on ne met pas toute l'exactitude voulue dans ces opérations, il en résultera de grands dommages; quelques plantes croîtront moins les unes que les autres; quelques-unes auront treize feuilles sans que le bouton paraisse, tandis que d'autres, transplantées en même temps et au même âge, n'auront que huit ou dix feuilles avec le bouton. Cette inégalité est un obstacle pour calculer approximativement le rendement d'une plantation, et de là naissent les erreurs dans lesquelles nous tombons quand nous voulons nous rendre compte des produits de l'agriculture, si l'on exécutait exactement les moyens très-faciles que je propose, nous arriverions sûrement à ce calcul juste que deux et deux font quatre, à moins qu'une circonstance extraordinaire ne vînt le détruire en tout ou en partie. Le bouton doit s'enlever aussitôt qu'il paraît, afin que la croissance de la tige étant contenue, les feuilles puissent se nourrir et acquérir les plus grandes dimensions; nonobstant, pour enlever le bouton, il est convenable que les trois premières feuilles d'en haut aient acquis une certaine grandeur et quelque consistance, parce qu'alors elles ne peuvent plus être endommagées et périr.

Après avoir étété, il est nécessaire d'enlever avec soin les rejetons qui naissent entre les feuilles et la tige, et ceux qui viennent au pied (les gourmands), et cela doit être fait aussitôt qu'ils commencent à bourgeonner, ou à poindre, car si on les laisse pousser, les feuilles perdent de leurs qualités et de leur poids. Il faut faire cette opération avec beaucoup de délicatesse, parce qu'elle a pour effet d'endommager la tige de la plante et l'attache des feuilles; les femmes devraient en être chargées ainsi que d'autres travaux analogues, pendant que les hommes manient la bêche ou l'arrosoir.

Quand le terrain est surabondamment riche en fumier animal, surtout quand, dans le compost employé, il est entré de la fiente de mouton, il sera convenable de laisser croître les bourgeons précités depuis quatre jusqu'à neuf pouces d'étendue. En agissant ainsi, on remarque que les feuilles que l'on a à récolter sont délicates, tandis qu'en agissant d'une manière contraire, elles sont grossières, âcres et amères. Quant à la qualité, à la force et à l'arome, il en restera suffisamment aux feuilles, bien que l'on ait permis aux bourgeons de croître jusqu'à une certaine hauteur, car la terre très-riche en fumier conserve une surabondance de vigueur végétative. Cette opération exige du tact et une pratique consommée.

Dès que le tabac entre en maturité, on commence la récolte ou la première coupe, dont le produit s'appelle tabac principal. Il y a des cultivateurs en ce pays, qui ont l'habitude de commencer la coupe par les premières feuilles du pied, comme étant celles qui mûrissent les premières, parce qu'elles pourrissent autant qu'elles se dessèchent si, pour les cueillir, on

attend que celles de la tête arrivent à maturité, perdant ainsi
le cinquième de la récolte; bien que ces feuilles pour avoir été
retardées dans leur coupe, ne se pourrissent pas, elles donnent
un tabac inférieur que l'on appelle : *libre de pied ou feuilles
pailleuses :* comme étant demeurées sur la plante beaucoup
plus de temps qu'il ne faut, et en outre, rapprochées du sol à
cause du poids que leur donne la maturité. Pour les maintenir
dans le meilleur état possible, on les arrache, ou ce qui est
mieux, on les coupe par le pied avec des ciseaux quand elles
commencent à mûrir. C'est ainsi qu'on fait en Europe. On les
attache par deux à la fois avec un morceau de fibre de mahot,
pour les suspendre aux traverses, ou on les enfile par les côtés,
du côté du pied, avec une grosse aiguille qui sert à coudre les
sacs; et une fois qu'un morceau de corde de la longueur d'une
traverse de la case est rempli de ces feuilles, on l'attache par
les deux bouts, comme un étendoir, dans ladite case et dans
un endroit convenable. Tout ceci est très-simple, cependant il
ne manquera pas de personnes pour faire des objections. Le
temps pendant lequel doit se faire cette opération, est ordinairement libre de toute occupation si ce n'est de détruire les
vermines, s'il y en a, les plantes ne demandant alors aucun
autre soin; et on sauve pour le moins la cinquième partie de
la récolte, portion qui se perd toujours par le mode ordinaire,
résultant de ce que les trois premières feuilles du pied restent
abandonnées dans le champ ou produisent du tabac à goût de
paille, qui ne vaut rien. Il résulte aussi de la coupe de feuilles
du pied, que les feuilles de la tête, et surtout celles du milieu,
acquièrent plus de qualités; et il est très-utile de se souvenir
de cela dans les terres pauvres.

Si les côtes des feuilles sont épaisses, on y pratique une fente
du haut jusqu'au bas avec un couteau court, et par cette fente
ou boutonnière, on introduit une lanière mince à laquelle on
les suspend; on fait ainsi, dans d'autres pays, sécher toute la
récolte, parce qu'on commence la coupe à partir du pied des
plantes, et on suit cette coutume en allant de bas en haut, à
mesure que les feuilles mûrissent; et ainsi ils ne peuvent pas,

comme cela se pratique ici, les attacher de deux en deux, ou de trois en trois par un brin d'écorce.

La circonspection nécessaire qui doit accompagner toute innovation, m'a engagé à proposer de n'exécuter qu'en petit, avec soin et à plusieurs reprises, ce mode de récolter les feuilles de tabac, en commençant par le pied de la plante, pour constater avec certitude ses avantages en faisant des comparaisons justes, tant en ce qui concerne les travaux qu'en ce qui doit en résulter pour la qualité du produit; on continue ensuite avec les feuilles du milieu, puis avec celles du sommet de la plante, en observant les intervalles qu'indiquent les circonstances. Notre tabac, je le dis, est le meilleur de l'univers, partant, qui peut changer nos pratiques? Cette manière d'argumenter paraît convaincante; mais ne serait-il pas bon de s'assurer si cette branche de culture n'est pas susceptible d'améliorations qui augmenteraient ses qualités appréciables, augmenteraient en même temps la production en lui donnant plus d'homogénéité, sans toutefois donner lieu à un surcroît de dépenses, ce qui éloignerait ainsi d'autant la concurrence qui pourrait surgir un jour.

Il sera bon de faire observer que beaucoup de planteurs de tabac pensent que les feuilles du sommet de la plante mûrissent avant celles du pied. Cette opinion, qu'ils ne craignent pas de soutenir, m'a toujours paru une absurdité. Ils disent que les premières feuilles cueillies au sommet étant déjà presque jaunes, celles du milieu paraissent sans ce signe de maturité, jusqu'à ce que le soleil agisse sur elles pendant un certain temps. J'ignore jusqu'à quel point cette observation peut être juste; ce que mes yeux ont vu, c'est que, lorsqu'on commence à cueillir le tabac, les trois premières feuilles du pied sont beaucoup plus mûres que les quatre ou cinq du sommet. Dans la majeure partie des plantes, j'ai vu que ces premières sont entièrement jaunes (comme les feuilles que perdent les arbres, qui sont presque desséchées, et beaucoup d'entre elles entièrement sèches), tandis que celles du sommet ne présentaient aucun signe de maturité qui put en déterminer la cueillette.

Tout ceci prouve que cette importante opération est susceptible d'améliorations, et qu'elles ne doivent pas être négligées
quand il s'agit du tabac, branche de produit qui paraît destinée
à figurer comme la plus importante dans notre agriculture,
avec la presque certitude de ne pas rencontrer de rivale. Si les
feuilles du bas de la plante se présentent presque desséchées,
quand celles du sommet commencent à mûrir, il est clair que
celles du milieu seront déjà mûres, à moins de prétendre que
l'ordre établi par la nature soit renversé à l'endroit du tabac.
Je présume que, de ce qui précède, vient la diversité de couleurs que l'on remarque dans le tabac après sa préparation, et
beaucoup d'autres sont de la même opinion. Cela ne peut être
autrement, à moins que d'après notre méthode de cueillir
chaque feuille séparément, il s'en suive un degré distinct de
maturité; on ne doit pas mettre en doute que cela ne doive
influer sur la couleur dans les mêmes qualités.

Pour récolter le tabac, il faut qu'il soit mûr. Cela se reconnaît en ce que la couleur verte de la face supérieure des feuilles
a pris une légère teinte jaune.

Quand les étrangers commencèrent à préférer le tabac jaune,
les planteurs cherchèrent à communiquer cette couleur aux
tabacs qui d'eux-même ne l'ont pas, à cause de l'infertilité des
terrains impropres à lui donner cette couleur appétissante.
De là naquirent mille pratiques plus ou moins vicieuses; de ce
nombre fut celle de cueillir le tabac quand il n'apparaissait
aucun des signes de maturité; on abandonna promptement ce
mode, qui produisait du tabac de mauvaise couleur, peu aromatique et amer.

CHAPITRE VIII.

PREMIÈRE FERMENTATION DU TABAC, SA DESSICCATION ET SA SECONDE FERMENTATION.

Aussitôt la cueillette du tabac, et avant sa mise sur les traverses, quelques planteurs le laissent exposé au soleil et au
serein pendant trois jours pour qu'il se fane bien, et parce
qu'ils croient aussi que cela lui communique la couleur jaune

tant recherchée pour les régalias; on ne sait jusqu'à quel point cette pratique doit être ou ne doit pas être recommandée; d'autres planteurs le portent à la case à tabac immédiatement après l'avoir cueilli, et tous allèguent des motifs plus ou moins admissibles pour accréditer leurs procédés.

Il paraît que le tabac récemment cueilli et exposé pendant quelques heures à l'action des rayons solaires, éprouve une certaine transpiration qui le prédispose à sécher plus promptement; mais l'expérience a démontré que cela n'influe en rien sur sa couleur et sur ses autres qualités. J'ai vu des tabacs traités par les deux méthodes, et tous étaient également bons ou mauvais, selon que la culture s'était faite avec plus ou moins d'intelligence ou plus ou moins de soins bien entendus.

On recommande beaucoup en Europe de donner aux feuilles récemment cueillies un certain degré de fermentation. Nos planteurs donnent à cette première fermentation le nom de maturation; ils l'exécutent en plaçant très-rapprochées les traverses chargées de tabac, de manière à ce que les feuilles restent comme pressées, et ils consacrent à cela une partie de la case à tabac, qu'ils nomment maturateur.

L'expérience a prouvé que la première fermentation, ainsi exécutée, offre peu ou point de dangers, et elle en offrirait, si comme on le fait en Europe, on amoncelait les feuilles vertes. M. Gruet lui-même, qui recommande tant cette opération, connaît tous les inconvénients qui en résultent; l'un d'entre eux, d'après lui, est que, si le tas surpasse soixante-dix centimètres de hauteur, le tabac s'échauffe.

Il sera bon d'avoir toujours présent à l'esprit, que le tabac, avant d'être mis dans la chambre de maturation, ne doit avoir été mouillé ni par la pluie, ni par la rosée; et cela s'obtient en laissant les traverses chargées dans le champ jusqu'à ce que le tabac soit bien dégraissé et perde son humidité par l'action du soleil. Si les feuilles entrent humides dans la chambre de maturation, il s'établira en elles une fermentation démesurément active qui, de toute manière, est préjudiciable.

Quelques planteurs sont d'avis que, pour éviter tout dommage dans la première fermentation, les traverses doivent être un peu écartées entre elles dans la chambre de maturation; toute mesure qui tendra à éviter un excès dans la première fermentation que doit éprouver le tabac vert, me paraît rationnel.

Les traverses chargées de feuilles, doivent être enlevées du maturateur (chambre de maturation) après trois jours de séjour, et se placent sur des chevilles préparées dans les autres parties de la case à tabac, où elles reçoivent l'air extérieur sans être exposées à être mouillées, s'il pleut. Là elles seront séparées les unes des autres afin que l'air circule librement entre elles.

Au fur et à mesure que les feuilles se sèchent de manière à pouvoir se rompre en se choquant les unes les autres par suite du mouvement que leur imprime l'air, les traverses seront portées sur d'autres chevilles placées dans les parties abritées au moyen de joncs; là on garde ces traverses tout le temps nécessaire pour que le tabac sèche bien, on connaît qu'il est suffisamment sec quand la côte de la feuille l'est entièrement, car c'est ce qui tarde le plus à sécher.

Si, durant la dessiccation du tabac, il vient à pleuvoir pendant plusieurs jours sans interruption, le tabac moisit et s'échauffe jusqu'au point de pourrir en totalité ou en majeure partie. Pour remédier à un si grand mal, on pratique certaines ouvertures par où pénètre l'air dans la case sans que la pluie puisse y entrer. Dans des cas très-urgents, on y allume des feux clairs, en prenant les précautions nécessaires; le combustible doit être assez sec pour produire de la flamme sans aucune fumée, car si peu que la combustion dût en donner, ce serait assez pour communiquer promptement au tabac un goût salif; on écartera le plus possible les traverses les unes des autres, et on les mettra sécher au soleil aussitôt la cessation du mauvais temps. Les manches à vent que l'on emploie à bord des navires pour conduire l'air dans les chambres et dans les autres parties du vaisseau, pourraient servir au même usage dans les cases à tabac, quand on en sentirait l'utilité.

Le tabac que l'on porte du champ dans la case à tabac, contient ordinairement de petits œufs que les papillons déposent dans les feuilles; et au fur et à mesure de leur développement, ils produisent des insectes qui dévorent les membranes de ces feuilles; on évite cela en ayant soin d'enlever au tabac ces principes de destruction dans le maturateur. Pour cela, on doit visiter cet endroit deux ou trois fois par jour pour détruire les insectes qui dévoreraient le tabac.

Le tabac y étant devenu sec, on attend un temps humide pour former les têtes, car l'humidité de l'atmosphère assouplit les feuilles de telle sorte qu'elles peuvent être maniées sans danger d'éprouver d'avaries. On appelle *matul* tout le tabac d'une traverse réuni et attaché par le milieu au moyen d'un brin de mahot ou d'une bande étroite d'un brin d'écorce de bambou; quelques personnes ont coutume de mouiller le brin et elles ont tort, parce qu'alors le tabac se tache. Il suffit d'exposer les brins au serein pour qu'ils acquièrent de la souplesse.

Les matules étant terminées, on les amoncelle les unes sur les autres jusqu'à ce qu'on ait employé tout le tabac sec. Cet amoncellement se fait dans un lieu abrité; on le couvre bien de tous côtés avec des feuilles sèches de bananier, et on le laisse ainsi au moins pendant quarante jours. Le tabac amoncelé de cette manière éprouve alors la seconde fermentation, jamais dangereuse, laquelle lui communique la couleur et toutes les bonnes qualités qui distinguent le tabac supérieur du pays.

Si l'on entasse le tabac sans qu'il ait l'élasticité que lui communique l'humidité de la saison, il ne fermente pas comme il le doit, et se maintient sec dans le tas; et si, en le mettant en tas, il n'a pas atteint le degré de dessiccation nécessaire, il est certain qu'il s'échauffera, se moisira et pourrira. Quelques planteurs, dont la case à tabac n'a pas la capacité suffisante pour contenir tout le tabac récolté, ôtent pendant la nuit les traverses déjà sèches, et les placent au serein pour qu'elles acquièrent l'élasticité voulue et qu'on puisse les manier sans les rompre quand on veut former les matules, et l'entasser. D'autres entourent le tabac sec, mais encore sur les traverses, de feuilles vertes de bananier pour qu'il s'amolisse par cette fraîcheur. Ce dernier moyen est moins mauvais que d'avoir recours au serein, mais on doit éviter ces pratiques nuisibles, et pour cela, il est nécessaire que la case à tabac soit suffisamment grande.

CHAPITRE IX.

EMBÉTUNEMENT (1), CHOIX OU TRIAGE, ET MANIPULATION.

Après la seconde fermentation, le tabac est prêt pour être *embétuné*, choisi et manipulé ; mais pour ces opérations, il faut attendre un temps humide, car il n'est rien d'aussi facile alors que d'avarier le tabac. Bien que la fermentation qu'il a éprouvée lorsqu'il était en tas, lui ait fait acquérir l'élasticité convenable, on court le risque de voir principalement le bout des feuilles se rompre, ce qui arrive d'ordinaire, si on les manie quand l'atmosphère n'a pas atteint un certain degré d'humidité.

Pour embétuner le tabac, on défait une matule, on place les feuilles sur une planche, on les humecte légèrement en les arrosant d'eau pure au moyen d'une éponge, et ainsi de suite jusqu'à ce qu'on ait épuisé toutes les matules. Avec un petit arrosoir dont les trous seraient très-étroits, on accomplirait beaucoup mieux cette opération, le tabac se trouvant ainsi humecté plus également.

Anciennement le betun (la composition) se faisait de différentes manières : une infusion de tabac, mêlé d'urine, était celle dont on se servait le plus généralement ; on avait aussi coutume de former un mélange composé de mélasse, d'eau et de tabac ; ce dernier est moins mauvais que le premier. Il y a aujourd'hui des planteurs qui voudraient rétablir l'usage de ces infusions, car ils prétendent qu'elles communiquent au tabac

(1) Le mot espagnol est *Embetunado*, l'action d'enduire d'une liqueur dans laquelle il semblerait entrer du bitume, comme l'exprime le mot. Dans l'impossibilité de traduire autrement que par une périphrase, j'ai francisé le mot espagnol.

de la force, mais heureusement ils ne se décident pas à les employer parce qu'ils ne sont pas d'accord sur la nécessité d'in-grédients si nuisibles, puisqu'ils souillent le tabac et donnent à ses feuilles une odeur et une saveur encore plus désagréable. Tous emploient aujourd'hui de l'eau pure ; de sorte que nous devrions dire mouiller, ou mieux humecter, et non embétuner le tabac, parce l'eau pure remplace la composition. L'adoption de l'eau, de préférence à toutes les autres substances qu'on employait à cet effet, a pris dans l'esprit de tous les hommes intelligents une plus grande consistance. Cependant beaucoup de planteurs sont d'avis que l'on doit mêler à l'eau une certaine quantité de débris ou de coupures de la meilleure qualité de tabac, de celui par exemple de couleur paille, parce qu'alors ils lui communiquent l'arome et la force qui lui manquent. Ceci ne paraît pas un mauvais procédé, et beaucoup l'ont adopté sans qu'ils aient eu motif de s'en repentir ; mais l'urine et le miel ou mélasse sont détestables. Rien n'est si appréciable que l'arome, l'élasticité et l'onctuosité propres au tabac, et tout ce qui tend à altérer ces qualités relevantes doit être proscrit de la pratique.

Quand au triage du tabac, l'expérience a démontré que ce qu'il y a de plus convenable, est de le séparer seulement en quatre classes :

1° Le tabac que nous nommons libra (que nous devrions appeler de première classe). C'est la feuille grande, saine, de bonne couleur et de qualité supérieure ;

2° Celui que nous nommons bon avarié (seconde classe). La feuille est grande, légèrement avariée, la moyenne saine, et toutes de bonne couleur et de qualité supérieure ;

5° Celui que nous nommons mal avarié (troisième classe). La feuille grande ou médiocre, plus ou moins avariée, mais non de la meilleure couleur et qualité ;

4° Celui que nous nommons tripe (quatrième classe) dont la feuille est moindre que la moyenne, jusqu'à la plus petite, avariée, de médiocre qualité, même de qualité au-dessous, et de couleurs variées.

Depuis que j'ai publié la première édition de ce manuel, j'ai remarqué beaucoup d'amélioration dans la culture du tabac. Ainsi, on a généralement adopté les locutions : première, seconde, troisième et quatrième; et l'acheteur ne court pas toujours le risque d'être trompé. Les planteurs savent que les bonnes méthodes employées dans la culture et la préparation, jointes à une plus grande fidélité dans le triage et la formation des paquets, sont les causes les plus puissantes du progrès, car pour avoir une fois vendu un chat pour un lièvre, l'habitation se discrédite pour toujours.

Après le triage du tabac, et après avoir mis en tas séparément chaque classe, on couvre ces tas de feuilles sèches de bananier et on commence la mise en paquets.

Pour la première classe, on fait quatre paquets de vingt-cinq feuilles chacun, attachés par le pied (1) avec une feuille de tabac; ensuite on réunit ces quatre paquets et on les attache bien ensemble, sans les presser démesurément, par un brin de mahot, commençant par le pied et allant circulairement jusqu'à bien couvrir l'extrémité des feuilles, et revenant de la même manière jusqu'à ce qu'on ait atteint de nouveau le pied.

C'est ce que l'on nomme une manoque. On procède de la même manière pour les autres classes; la seule différence qu'il y a, c'est que chaque manoque de la première et de la seconde classe ou qualité, contient cent feuilles, tandis que celles de la troisième classe contient cent cinquante feuilles, et les manoques de la quatrième classe peuvent contenir chacune jusqu'à deux cents feuilles et plus.

Aussitôt qu'on a formé les paquets de tabac, on doit les placer dans des ballots de jonc, en mettant séparément chaque classe. Dans ces ballots il se fait une fermentation peu sensible, mais qui suffit pour achever de communiquer au tabac toute l'excellence qu'il est susceptible d'acquérir.

Quand la culture et les autres façons ont eu lieu d'après une

---

(1) Par pied, on entend le bas des feuilles, la partie par laquelle elles tiennent à la tige.

bonne méthode, il n'y aura certainement pas une si grande variété dans la grandeur, la couleur et dans la qualité, et les déchets ne seront pas si considérables ; le raisonnement le dit assez. Nous avons indiqué, dans ce manuel les meilleures pratiques que nous avons pu jusqu'à présent acquérir.

CHAPITRE X.
DE L'ÉBOURGEONNEMENT ET DES REJETONS.

Après la première cueillette de la plante, un certain nombre de rejetons sortent des troncs ; on laisse croître le plus beau d'entre eux, ou deux, si la terre est riche, et on supprime les autres. Ces rejetons exigent les mêmes soins qui ont été donnés primitivement aux plantes, c'est-à-dire maintenir le terrain purgé d'herbes, chausser, ébourgeonner, enlever les gourmands qui poussent entre la tige et les feuilles que l'on doit récolter. Ensuite on coupe, on laisse fermenter ou murir, on sèche, on met en tas pour obtenir une nouvelle fermentation, on mouille ou l'on embétune, on fait le triage, on manipule, le tout de la même manière que la première fois.

Le tabac de la première coupe se nomme le principal ; celui de la seconde coupe, chatré. On devrait les appeler tabac de première coupe, tabac de seconde coupe.

Le tabac de seconde coupe est ordinairement aussi bon que celui de première, si le terrain est bon et si les pluies sont tombées à propos.

Toutes les fois qu'on traitera d'un genre quelconque de culture, je soutiendrai que le fumage et l'arrosage sont inséparables de toute méthode perfectionnée ; il me paraît donc urgent de recommander ces deux opérations quand il s'agit de donner au tabac de seconde coupe du relief, de lui communiquer toute l'excellence de celui de la première coupe. Dès que les rejetons seront en état de recevoir le butage, on mettra autour du pied de chaque plante une demi-livre de compost bien consommé, et on couvrira immédiatement avec la terre préparée à cet effet. Ce moyen fera produire aux rejetons des feuilles belles et de bonne qualité. On devra aussi arroser la plante en temps utile ; trois ou quatre arrosages suffisent, bien que la sécheresse soit extrême.

Les bons effets que l'on doit espérer de moyens si faciles et si efficaces, frappent les yeux de l'homme le moins clairvoyant ; pour les obtenir, on ne comprend pas qu'on néglige ces moyens là, dut-on se trouver dans l'obligation de payer cinquante et même cent journées de plus de salaire.

CHAPITRE XI.

CASES A TABAC.

Beaucoup de cultivateurs de tabac font sécher leurs tabacs dans la maison même qu'ils occupent. Cela nuit à la santé des personnes qui s'enferment la nuit pour dormir, comme c'est l'habitude, et altère les bonnes qualités que doit avoir le tabac à cause de la fumée qui s'exhale constamment des foyers de ces pauvres gens. D'autres se servent pour cet objet, de maisons qui, n'étant pas bâties avec une bonne entente de la chose, sont plus préjudiciables qu'utiles ; mais quand quelqu'un, ayant les fonds nécessaires, entreprend la formation d'une plantation, il ne peut se dispenser d'employer tous les moyens reconnus utiles pour produire beaucoup de tabac et de bonne qualité.

Une case à tabac d'une grandeur suffisante pour contenir 4,080 fiches (1), ne coûte pas beaucoup. Ce nombre de fiches est celui que l'on doit employer pour sécher le tabac que doit produire un huitième de caballeria (1 hectare 65 ares) dans les deux coupes. Chaque fiche se charge de 400 feuilles de grandes dimensions, et davantage, à mesure que la feuille diminue d'ampleur. C'est l'édifice unique que réclame une plantation pour toutes les manipulations que reçoit le tabac, depuis la coupe jusqu'au triage ; et afin de l'avoir avec toutes les condi-tions nécessaires, on n'épargnera aucune dépense rationnelle ; ces mêmes manufactures ou fabriques de tabac, se réduisent à la maison principale, au poulailler, toit à porc et logements pour

---

(1) Une fiche est une forte cheville que l'on fixe aux parois de la case, et à laquelle on suspend les feuilles.

les journaliers; et le coût de la façon de ces cases, y compris celle à tabac, ne passera pas 200 piastres si l'on est près de la montagne, d'où l'on peut tirer le bois, le guano, les joncs, simples matériaux qui entrent dans leur construction.

On rencontre souvent sur les plantations des cases à tabac parfaitement arrangées, et nos planteurs connaissent à fond leur mode de construction. Cela me dispense d'en faire la description. Il sera cependant bon de leur recommander que ces cases aient de l'élévation sur leurs poteaux d'appui; soient spacieuses, puissent être très-aérées en temps sec, et bien préservées de l'humidité quand l'atmosphère en est chargée. Elles doivent avoir la capacité nécessaire pour que la séparation entre les fiches chargées de tabac soit suffisante; car si elles sont trop rapprochées, l'air ne circule pas librement, les feuilles se sèchent très-lentement; elles suent jusqu'au point de moisir, et par conséquent leurs bonnes qualités courent le risque de s'altérer.

La case à tabac doit être à une certaine distance des autres bâtiments de l'habitation, afin qu'elle ne brûle pas en cas d'incendie, et l'on évitera, autant que possible, d'y porter une chandelle allumée.

CHAPITRE XII.

PLANTES DESTINÉES A PRODUIRE LA GRAINE (SEMENCE) OU PLANTES MÈRES.

Nos planteurs, pour se procurer des semences ou graines, laissent croître à volonté tous les rejetons d'un certain nombre de plantes qui ont été soumises à la première coupe; on les coupe par le pied aussitôt que les semences sont mûres; on en fait des paquets égaux, qu'on lie et qu'on étend au soleil pendant un jour, et ensuite on les place de la même manière sous le toit, dans un endroit où il y ait de la fumée, parce qu'ils croient, de cette manière, les préserver des insectes. Cette idée est une prévention; les capsules, quoique très-sèches, ne s'ouvrent pas, et par conséquent gardent renfermées les graines d'une année à l'autre. Cette coupe des rejetons se fait quand la lune est à son déclin: bien qu'il y ait de bonnes raisons à fournir contre cette coutume, mon opinion est que l'on ne doit pas rejeter ce mode de procéder.

Tous les planteurs savent que les tiges des plantes qui ont souffert une seconde coupe, produisent de mauvaises graines, et celles des plantes qui ont eu trois coupes sont nulles.

M. Gruet, pénétré de cette vérité, conseille de choisir un certain nombre de plantes qui, après la transplantation, montrent de la vigueur, afin de les consacrer à la production des graines dont on a besoin : quand, dit cet agronome, on a définitivement marqué quelles sont les plantes que l'on doit conserver à cet effet, on leur donne quelques soins particuliers qui consistent à mettre un peu de fumier au pied de chacune d'elles, avant de les chausser, et de les arroser pendant les sécheresses prolongées. On ne permettra qu'à la tige principale de se charger de graines, et on aura soin de couper tous les rejetons qui poussent entre cette tige et les feuilles : il dit aussi que l'on peut récolter les feuilles de ces plantes qui cependant ne valent rien ; et que, quand la semence est mûre, on arrache entièrement la plante et on la met dans un lieu sec jusqu'au moment des semis.

Ces opérations sont rationnelles, et nous devons les adopter, parce que l'exécution n'en est pas difficile, et ne gêne en rien les opérations subséquentes. Si nous savons que les graines des rejetons des plantes qui ont subi la première coupe sont néanmoins bonnes, que celles qui sont produites après la seconde coupe sont presque toutes mauvaises, et que celles recueillies après la troisième coupe sont complétement mauvaises, inutiles, nous devons tirer la conséquence que les plantes vierges, celles qui n'ont subi aucune coupe, doivent donner la meilleure semence, laquelle sera d'autant plus supérieure qu'on aura donné aux plantes les soins efficaces que recommande M. Gruet.

CHAPITRE XIII.

PRÉPARATION DE LA SEMENCE.

La célébrité dont a joui dans tous les temps notre excellent tabac, sans qu'il ait eu du moins à redouter de se rencontrer avec un autre qui eût une ou plusieurs de ses qualités distinguées, nous conduit à ne préférer d'autres semences que celles que nous indiquons. Néanmoins, nous devons nous efforcer de les améliorer, si c'est possible, au moyen des soins qui sont indiqués dans le chapitre précédent et de les préparer convenablement pour les semer. Nous ne doutons pas qu'en suivant exactement ce que nous avons dit au sujet des plantes mères, les semences ne soient plus nourries et ne soient toutes aptes à la germination.

En ce qui concerne la préparation qu'on leur fait subir avant de les semer, nous savons qu'en Europe et dans d'autres contrées, on en donne une à presque toutes les semences, tant à celles des légumineuses qu'à celles des céréales; cette préparation consiste à les amollir en les plongeant dans un liquide stimulant; il paraît que M. Gruet, guidé par cet antécédent, a cru qu'il serait utile d'appliquer ce moyen à la fois simple et rationnel, aux semences du tabac; car dans son manuel, qui traite de cette culture, il dit : les graines de tabac peuvent se semer sans préparation autre que de les mélanger avec neuf dixièmes de terre sablonneuse; néanmoins l'expérience m'a prouvé qu'elles poussent avec plus de certitude, beaucoup plus promptement, que les germes se développent avec beaucoup plus de vigueur, quand on les laisse tremper pendant vingt-quatre heures dans du lait fraîchement tiré ou dans une eau de fumier tiédie. On ne les ôte de ces liquides, que pour les mêler à de la terre bien sèche, et les semer immédiatement; sans ce soin, l'effet du trempage (macération) serait plus nuisible qu'avantageux.

A la dernière récolte j'ai fait l'essai suivant :

Je fis bouillir 300 grammes de fiente fraîche de vache ou de bœuf dans 500 grammes d'eau. Dès que cela fut fait, je filtrai ce mélange au moyen d'un morceau de toile, et pendant que le liquide était encore tiède, j'y mis tremper une demi-once (16 grammes) de graines de tabac, et au bout de vingt-quatre heures, je répandis le reste du liquide dont les graines n'avaient pu se pénétrer; je mêlai ces graines avec quatre onces et demie de sable lavé et bien sec, et je les semai au moyen d'un tamis sur une portion de terrain préparée, puis je les couvris, en me servant du même tamis, d'une couche d'un cinquième de pouce d'épaisseur (environ 1/2 centimètre) d'un fumier pourri que je pris sous un tas très-ancien de balayures. En même temps, je semai une autre demi-once de la même graine, avec les mêmes soins, moins le trempage. Le résultat fut que la semence trempée poussa ou germa trente-trois heures avant les autres, et produisit 198 plantes de plus. Quant à la verdure ou vigueur des plantes, je ne trouvai pas de différence digne de fixer l'attention. A mon grand regret, elles ne furent pas transplantées, car j'aurai pu alors pousser les comparaisons entre les tabacs des deux semis, en les confectionnant et en les fumant.

On ne doit jamais semer avec le trempage que la semence de la dernière récolte; celle gardée deux ans ne vaut rien, qu'on la fasse ou non tromper.

Dans l'année 1845 je fis d'autres essais; je mis tremper une demi-once (16 grammes) de graines dans 500 grammes de lait de vache fraîchement tiré. Je pris une autre demi-once des mêmes graines que je mis dans 250 grammes d'une décoction tiède et filtrée, composée d'une livre (500 grammes) de crottins frais de cheval que je fis bouillir dans 500 grammes d'eau, pendant une demi-heure. Après avoir suivi la même marche indiquée plus haut, je semai au même instant les deux quantités de graines dans deux portions séparées de terre, avec les précautions nécessaires, et le résultat fut ce qui suit : la semence trempée dans du lait, ne produisit que 80 plantes, tandis que celle trempée dans la décoction en donna 612. La verdure ou vigueur était égale et surprenante dans les deux terrains. Les graines germèrent presque en même temps dans l'un comme dans l'autre des semis.

Je ne pus d'abod me rendre compte de la cause du petit nombre de graines qui germèrent parmi celles qui avaient été trempées dans le lait. Je mis de nouveau dans ce liquide une demi-once (16 grammes) de graines et je formai un semis comme j'avais fait auparavant, pour observer avec soin ; de cette manière je pus voir que les fourmis s'emparaient de ces graines et les portaient dans leurs fourmillières ; cela vient certainement de ce que ces insectes étaient attirés par le lait dont étaient imprégnées les graines ; on doit dès lors proscrire ce trempage, et adopter la décoction tiède d'eau et de fiente fraîche de bœuf ou de cheval.

Les plants résultant de ces deux semis dans cet essai, furent transplantés, et produisirent de bon tabac.

CHAPITRE XIV.
ENNEMIS DU TABAC.

Le tabac, dans les semis, a plusieurs espèces d'ennemis ; les principaux sont : les limaçons, les limaces, les grillons, et ce que l'on nomme insectes ou chenilles. Je ne connais pas de meilleur moyen pour détruire ces animaux, qu'un vouloir bien arrêté et constant de les poursuivre et de les tuer, puis de les jeter hors des semis pour ne pas y attirer les fourmis.

M. Gruet dit qu'en répandant sur le terrain de la chaux éteinte, ou en l'arrosant d'eau salée avant la pousse des semences, on détreit les insectes ; mais il pense cependant qu'on doit, autant que possible, éviter d'employer ces moyens, parce qu'ordinairement ils nuisent au développement de la plante. Cet agronome a raison, car dans cette île, les plus mauvais terrains pour le tabac sont les terrains calcaires et ceux qui avoisinent la mer. Il est des personnes qui affirment qu'on détruit les insectes en arrosant la plante avec l'eau dans laquelle on a fait bouillir des patates ; cette eau est moins nuisible que l'eau salée ; mais on ne doit rien innover avant d'avoir fait des essais répétés et en petit. Ces jours derniers, j'ai arrosé avec cette eau de patates plusieurs plantes de jardin, et il n'en est résulté aucun dommage, il serait impossible d'arroser ainsi une plantation entière, parce qu'alors il faudrait avoir une grande quantité de patates, et des porcs en nombre suffisant pour les manger après leur cuison et leur fermentation, et tout cela suppose une augmentation de capital. On pourrait cependant employer ce moyen pour les semis, si l'expérience prouve que l'eau de patates détruit les insectes ou les éloigne.

En admettant le mode des plates-bandes, les insectes ne se présentent pas si souvent ni en aussi grand nombre, et, si on en aperçois quelques-uns, il est facile de les détruire, ces semis se trouvant sous la main; on évite par là leur propagation. Les plates-bandes se trouvant près de la maison, la femme et les jeunes enfants qui composent la famille du planteur peuvent en avoir soin, et aussitôt que paraît un insecte, ils le tuent.

Il est facile de brûler de la terre et d'en remplir les plates-bandes pour les semis, ainsi qu'il a été expliqué en son lieu; ce mode convient aux grandes propriétés comme aux petites, parce que tout est proportionnel; à mon avis c'est le moyen le plus efficace d'éviter les insectes dans les semis et de toujours compter sur de bonnes plantes dans l'habitation. C'est un objet de la plus haute importance.

Après sa transplantation, le tabac a à souffrir des mêmes ennemis. On détruit les grillons en observant l'entrée du souterrain dans lequel ils se retirent, et en fouillant avec un coutelas jusqu'à ce qu'on arrive au nid dans lequel ils se tiennent tous agglomérés, et là on les tue ou on les brûle. Le grillon est un animal nuisible. On poursuit les limaces et limaçons pendant la nuit alors qu'ils font le plus de mal, se tenant pendant le jour sous les pierres, ou les feuilles tombées des arbres. Pour qu'ils ne puissent pas grimper sur les plantes, M. Gruet recommande de mettre au pied de chacune d'elles des cendres de charbon de terre; mais quoique ce moyen ne puisse en rien nuire aux qualités du tabac, il ne serait pas facile en ce pays de se procurer en grande quantité la cendre nécessaire. Il y a trois qualités d'insectes proprement dits, nuisibles au tabac; on les appelle : 1° le cogollero (amateur de jeunes feuilles ou du chou, ou cœur); 2° le véguero (chenille) et 3° le cachazudo (grosse punaise). Le cogollereo est petit, de couleur verte et se loge ordinairement dans le cœur de la plante, qu'il détruit avec voracité, et une nuit suffit pour compléter le mal, parce qu'un grand nombre attaque la plante à la fois. Le véguero (chenille) atteint jusqu'à deux pouces et plus, est d'une couleur verte plus ou moins claire; il se nourrit en dévorant les membranes des feuilles tant grandes que moyennes; selon moi, cet insecte est le même que le cogollero, qui, tandis qu'il est petit, se nourrit des feuilles tendres du cœur, et, à mesure qu'il prend de l'accroissement, s'adresse aux feuilles moyennes et ensuite aux plus grandes; quand il a dévoré les feuilles d'une plante, il descend, chemine à terre jusqu'à ce qu'il en rencontre une autre, y grimpe et la dévore.

Le cachazudo (grosse punaise), qui est de couleur grise et de trois pouces de longueur dans sa plus grande taille, se loge en terre, ordinairement dans celle qui couvre les racines de la plante; il la troue par le pied, si elle est tendre, et par le milieu, si elle est âgée; il grimpe aussi aux feuilles et les détruit : il dévore aussi les autres insectes.

Le cogollero et le véguero se détruisent en les comprimant entre le pouce et l'index, et on les jette hors de la plantation. C'est un travail que l'on doit faire sans interruption aucune, du moment qu'on a découvert leur présence, car, en peu d'instants, toute la plantation est détruite. Quelques planteurs emploient leurs enfants à détruire les insectes, et afin de s'assurer qu'ils remplissent la tâche qui leur est confiée, ils leur font porter à la maison, dans de petits paniers, ceux qu'ils ont tués. C'est un bon moyen. L'an dernier, j'ai vu dans une plantation peser les insectes contenus dans sept de ces petits paniers; leur poids allait à quatorze onces (440 grammes). Pour détruire le cachazudo, on le cherche à l'entrée de la nuit et à la pointe du jour, car c'est alors qu'il sort de sa cachette pour nuire; à toute heure du jour, on n'a qu'à creuser avec les doigts la terre amoncelée au pied des plantes, on est presque certain d'y rencontrer les cachazudo en grand ou en petit nombre. J'en ai vu tirer du pied de chaque plante un, deux, et jusqu'à cinq.

Tous ces insectes étant produits par des papillons, le mieux serait de rechercher les moyens les plus efficaces de détruire ces derniers, ou au moins de les éloigner de la plantation. Le *Journal des connaissances utiles* annonce comme un moyen très-efficace de se débarrasser des papillons, de semer dans les plantations de choux, et à de certaines distances, quelques pieds de chanvre. Les insectes qui s'attaquent au tabac sont de la même espèce que ceux qui dévorent les choux, il paraît donc rationnel d'admettre les mêmes moyens de précaution pour les plantations de tabac, car il n'est pas présumable que le chanvre puisse en rien exercer une influence quelconque sur les qualités du tabac; c'est pour cela qu'en le débarrassant des papillons, on évite l'insecte. L'agriculteur laborieux qui prouvera par des exemples l'efficacité de ce remède, rendra un grand service au pays. Trois fois j'ai semé du chanvre, il n'a pas germé; je ne me suis pas découragé, j'en ai demandé en Catalogne afin de faire un nouvel essai.

A l'entrée de la nuit on voit voltiger beaucoup de papillons grands et petits; nous nommons les premiers, sorcières, et les autres, petits pigeons; ceux-là sont noirs, et les derniers de plusieurs couleurs, gris, verdâtres, blancs et de couleur de cendre. Le chanvre les chassera-t-il aussi? Si par malheur cela n'a pas lieu, il reste un moyen assez efficace pour les détruire, ou du moins pour faire périr la majeure partie de leur nombre toujours croissant. Je ne me souviens pas où j'ai lu que, pour arriver à en finir avec les papillons noctunes, on place verticalement quelques pieux dans les jardins et dans les plantations de légumes, auxquels sont attachées de grosses mèches faites de paille et enduites brai : on y met le feu à l'entrée de la nuit pour que ces papillons viennent par milliers se brûler à leurs flammes. Le coltar liquide, ou celui à l'état solide, fondu avec quelque substance grasse ou huileuse, appliqué à ces mèches faites de la première paille venue, telle que celle de riz, de l'herbe de *don Carlos* (1), ou de l'herbe de Guinée, etc., est un article que nous rencontrons dans beaucoup d'endroits, où aussi on trouve soit une source de liquide, ou un amas du solide. Si l'on adopte ce moyen qui nous paraît rationnel. il conviendra de faire en sorte que les pieux soient assez élevés

---

(1) Herbe du pays.

pour que la flamme de leurs mèches ne puisse nuire aux plantes, et on les placera au milieu des lignes, afin que les gouttes qui s'en échappent ne tombent pas sur le tabac. Quand nous sommes à la campagne, nous voyons un certain nombre de papillons venir se brûler à la flamme de la bougie, et plus d'une fois, ceux nommés sorcière l'ont éteinte.

Les forts vents du nord qui règnent dans la saison des semis, sont un autre ennemi formidable du tabac; ils lui font du tort en brisant les feuilles ou en couchant les plantes; ce dernier inconvénient est moins fréquent, et le premier s'évite en semant le tabac à la distance qui est indiquée.

Dans d'autres contrées, pour éviter ces mêmes accidents causés par ces vents violents, et ceux occasionnés par la grêle, on plante verticalement une rangée de pieux à de certaines distances; on les jouint au moyen de traverses, on y sème aux pieds des pois qui, grimpant et s'entortillant dans cette espèce de ceinture, forment comme des murailles qui, brisant l'impétuosité du vent, le laissent arriver aux plantes que l'on se propose de défendre, entièrement calmé. Ceci ne paraît pas présenter de grandes difficultés dans son exécution; mais avant d'adopter ce moyen d'éviter le tort qu'occasionne le fort vent, quelques personnes pensent qu'on doit en faire l'essai, et je ne pense pas qu'il cause aucun mal au tabac ni aucune perturbation à la main-d'œuvre, à la coupe et aux autres travaux qui se font dans une plantation. Dans ce pays, il convient que ces rangées de pieux soient placées de l'Orient à l'Occident parce que les vents du nord et nord-est et parfois ceux du sud, sont ceux contre lesquels on doit se précautionner. On doit préférer les pois que l'on nomme pois de France, ceux appelés pois à salade (Bollo), parce que leurs sarments ou lianes et leurs tiges sont robustes, croissent beaucoup, et leur extraordinaire production d'un légume d'une excellente qualité et dont se fait une grande consommation dans le pays où il est très-estimé pour les soupes et les salades, compenserait le coût des pieux.

Les débordements des rivières, bien qu'ils causent quelquefois des dommages considérables dans les plantations de tabac qui sont sur leurs bords, ont aussi le grand avantage de bonifier les terres pour plusieurs années.

CHAPITRE XV.
DE L'ARROSAGE.

Il est fort étrange que M. Gruet soit d'avis que le tabac ne doit pas être arrosé, fondant son opinion sur ce que ce moyen est très-coûteux pour les semis en grand ; qu'il produit un mauvais effet, rend la plante très-délicate ; la dispose à croître très-promptement ; la rend sensible à la moindre sécheresse ; endurcit la terre au point d'empêcher le développement des racines et gêne l'action de l'air et de la chaleur.

L'arrosage a toujours donné les meilleurs résultats dans tous les temps, dans tous les pays et dans tous les genres de culture sans en excepter une seule. L'arrosage occupe le premier rang dans l'agriculture du monde entier ; tout le monde sait que les terrains arrosables sont ceux qui produisent le plus et avec toute certitude, même pendant les sécheresses les plus prolongées, et pour ce motif se payent le plus cher. Une caballeria (13 hectares 50 ares) de terre arrosable a plus de valeur que dix non arrosables, bien que de première qualité. On pourra dire, vu l'opinion de M. Gruet, que la culture du tabac forme une exception ; mais la théorie de cet agronome est applicable à toutes les cultures, donc on doit proscrire l'arrosage. Ce serait commettre une erreur ; ce serait démentir ce que nous a enseigné l'expérience depuis l'antiquité la plus reculée jusqu'à nos jours. Prétendrions-nous mettre en doute la fertilité des bords du Nil et de ceux de tant d'autres fleuves qui font la richesse du monde et qui ont empêché plusieurs fois le genre humain de mourir de faim ! Notre ferro-caril de Guïnes (chemin de fer de Guïnes) nous apporte l'abondance quand la sécheresse efface dans les champs jusqu'à la plus petite trace de végétation ? Et d'où nous vient cette abondance, si ce n'est des terres qu'arrosent les eaux de la rivière de Guïnes ? Je fus à la campagne dans la saison de la sécheresse, je trouvai tout un luxe de végétation dans les terrains de la Cienaga qu'on arrose avec soin; mais aussitôt que j'eus passé les *puentes grandes* (1), je ne vis aucun signe de végétation.

Je tiens à prouver par ces faits, par des exemples répétés que nous avons eus sous les yeux, que l'arrosage est une condition presque nécessaire dans la culture du tabac. Dans les années qui ont précédé celle-ci (1847), le propriétaire de la plantation de la Lima, dans le Paso-Viejo, se disposa à faire un semis considérable de tabac; il avait déjà planté 7,000 pieds, et, voyant qu'il allait perdre le fruit de son travail à cause de l'extrême sécheresse, il suspendit la plantation, et se disposa à arroser son tabac, ce qu'il fit chaque fois que la sécheresse l'exigeait, et le résultat fut d'obtenir de ses 7,000 pieds, cinq mille piastres de tabac sec, qui est le produit d'un peu plus d'un huitième de caballeria (un hectare soixante-cinq ares); les voisins de cette plantation, qui plantèrent du tabac dans la même saison, obtinrent un produit très-médiocre. Le maître de cette plantation vit encore.

Il est bon de savoir comment cet agriculteur laborieux effectue l'arrosage. Son terrain est élevé, et le moyen qu'il employa fut de transporter des futailles d'eau; quatre futailles placées sur des traineaux tirés par des bœufs fut le moyen dont il se servit. Douze travailleurs pourvus de grandes cruches (jicaras) versent la valeur de quatre, cinq ou six bouteilles d'eau au pied de chaque plante; aujourd'hui il arrosait plus ou moins de sillons, le lendemain autant, de telle sorte que tous les cinq jours la plantation avait joui du bénéfice de l'arrosage.

Cet agriculteur pouvait avoir quelque chose de plus efficace, et pendant la même sécheresse il aurait augmenté considérablement le nombre de ses pieds de tabac. Dans la rivière, il pourrait établir une roue hydraulique *(faja hydraulica)* dont je donnerai la description à la fin de ce manuel et au moyen d'un canal fait de troncs de palmistes placés sur poteaux, l'eau serait arrivée à se répandre jusque dans la partie la plus élevée du terrain, d'où elle se serait rendue dans les sillons, agissant

---

(1) Localités de Cuba.

absolument comme dans les terres arrosables ; deux hommes suffiraient pour arroser convenablement toute la plantation en deux jours ; et le reste des moyens dont on dispose serait employé à soigner la culture ou les semis, et augmenterait par conséquent les produits.

Don André Peres, voisin notable de la bourgade de Guanajay, sema de tabac quelques emplacements dans ladite bourgade sur le bord de la rivière, et remarquant que les plantes restaient chétives à cause de la sécheresse, fit arroser la plantation, versant environ un kilogramme d'eau au pied de chaque plante ; et il put facilement se rendre compte du produit, puisque les feuilles étaient presque toutes de plus d'un mètre de longueur, avec une largeur correspondante, et chaque pied de tabac en contenait quatorze. Il continua cet arrosage tous les deux jours jusqu'à ce qu'il vint à pleuvoir.

Don N. Valdrich, voisin de Guajaibon, avait de bons semis obtenus par le moyen de l'arrosage. La sécheresse était excessive, et il voyait que les plants allaient lui manquer. Il se détermina à semer en se servant de l'arrosage et il continua à arroser. Le tabac vient bien et aucun des voisins de cet endroit n'obtint cette année-là de semis ni de tabac, ne se souciant pas d'avoir recours à l'arrosage, prétendant que cela donnait beaucoup de peines. Valdrich recueillit le fruit de son activité, puisque ces mêmes voisins lui achetèrent son tabac ; pourtant il était seul, et il put tout surmonter en agissant avec méthode et constance : quand il y a de l'eau qu'on peut répandre sur la terre, il n'y a pas de sécheresse, disait cet industrieux catalan.

Si l'arrosage durcit la terre, la pluie la durcirait aussi, et quoiqu'il advienne, le terrain dans lequel le tabac est semé, reçoit au moins trois façons pour le purger des herbes, et autant de buttages ; ceci prouve qui si l'eau durcit la terre, les sarclages le désagrègent convenablement, pour que l'air et la chaleur y pénètrent.

Si l'arrosage rend la plante délicate, la pluie produira aussi sur elle le même effet. Or cette circonstance (la pluie) est nécessaire pour que les plantes d'espèces différentes qui se cultivent dans toutes les parties du monde, se développent avec vigueur; et je ne puis admettre que les solanées, genre auquel appartient le tabac, aient le privilége de prospérer, privées de l'humidité qu'il faut pour les maintenir assez tendres, afin que leurs vaisseaux absorbants conservent l'élasticité nécessaire pour que la sève puisse, en toute liberté, y exécuter son mouvement d'ascension et de descente. Je ne connais pas de plante qui puisse se maintenir verte, si l'humidité convenable lui manque.

Si l'arrosage rend le tabac sensible à la moindre sécheresse, on arrose de nouveau; et pourquoi agit-on ainsi? parce que l'on n'a recours à l'arrosage que lorsque la plante souffre de la sécheresse.

L'arrosage à la main au moyen des arrosoirs, cruches, pots ou autres ustensiles, emploie sans doute beaucoup de bras; pourtant on peut y avoir recours dans les plantations d'une petite étendue, et toujours le planteur qui s'en servira verra son activité récompensée par un gain croissant, bien qu'il ait quelques journaliers de plus à payer.

Pour les semis considérables on peut employer des roues hydrauliques (norias) ou la faja hidraulica con éponjas (bande hydraulique absorbante). Si l'on n'a seulement que des puits d'eau potable, il n'est rien de mieux que ladite faja (bande) qui, étant pourvue d'un appareil absorbant, extraira l'eau quelque profondément qu'elle soit en terre; c'est l'appareil hydraulique le plus commode, le plus maniable et le meilleur.

CHAPITRE XVI.

ÉTAT DES DÉPENSES ET DE LA PRODUCTION D'UN HUITIÈME DE CABALLERIA (1 HECTARE 65 ARES) DE TERRE CONSACRÉE A LA CULTURE DU TABAC, ET CAPITAL NÉCESSAIRE.

Coûts de production.

Plastres.

Fermage d'un huitième de caballeria de terre (1 hectare 65 ares).........................(A reporter) 34

Fermage d'une moitié de caballeria de terre (6 hec-

REPORT............ 34

tares 75 ares) consacrée aux vivres et à la production du fumier... 68

   Six valets pour six mois, à 10 piastres par mois chacun   360

   Un faiseur de fumier à 10 piastres par mois et toute l'année... 120

   Un manœuvrier pour l'année, à 10 piastres par mois.   120

   Nourriture pour tous, pendant un an............. 400

TOTAL.................... 1,102

Produit probable.

6,800 plants contenus dans un huitième de caballeria (1 hectare 65 ares) de terre, et chacun des plants donnant 12 feuilles et non quatorze, à chacune des deux coupes, on a en totalité 1,632,000 feuilles. Un quart de première classe, à 100 feuilles chaque manoque, donne 4,080 manoques, qui, à 4 réaux (2 fr. 45 cent. (1) au minimum, produisent............... 2,040

   Un autre quart de seconde classe, à 100 feuilles la manoque, donne 4,080 manoques, qui, à 3 réaux (1 fr. 80 cent. et une fraction) au minimum, produisent..... 1,530

   Un autre quart de troisième classe, à 150 feuilles la manoque, donne 2,729 manoques, qui, à 1 réal 1/2 (90 centimes et quelque chose) minimum, produisent.. 510

   Une quatrième partie (quatrième classe) à 200 feuilles la manoque, donnent 2,040 manoques qui, à 1 réal (60 centimes et quelque chose) minimum, produisent.. 255

TOTAL.............. 4,335

Comparaison.

Frais de production.............................. 1,102

Produit brut.................................. 4,335

Produit net...................................... 3,233

Pour 1 hectare 65 ares de terre plantée.

---

(1) Le réal vaut 60 centimes et une fraction, il entre 8 réaux à la gourde.

Capital nécessaire.

Une paire de bœufs..........................	100
Une roue hydraulique, avec son appareil..........	300
Ustensiles de travail.........................	50
Frais d'établissement de la case à tabac..........	150
Pour dépenses avant la récolte, et pour achat de deux juments et leurs harnais, et d'autres animaux....	300
TOTAL...............	900

CONCLUSION.

Ce petit cadre, ce compte rendu si simple, démontre jusqu'à la dernière évidence l'utilité de la culture du tabac dans l'île de Cuba et sa grande production. Dans aucune branche d'agriculture, l'emploi de 900 gourdes ou piastres ne peut offrir plus d'avantages et avec autant de sécurité. En effet, ce capital est des plus restreints comparé à la somme qu'il produit; si tous n'obtiennent pas ces mêmes résultas, c'est parce qu'ils emploient des méthodes vicieuses dans la culture; les deux moyens principaux sont le fumier et l'arrosage, et ces moyens sont justement ceux que l'on met le moins en pratique. On n'agit pas ainsi dans d'autres contrées : ici nous sommes livrés aux chances du hasard, tout nous paraît impossible quand nous sortons de la routine, des moyens qui sont les plus efficaces et en même temps d'une grande simplicité, nous faisons des fantômes que nous devons fuir; et pourtant on ne trouve rien en ces écrits qui ne soit très-faisable. Nous avons en outre, la conviction que toutes les fois qu'un de nos planteurs a adopté quelque amélioration, il a recueilli le fruit de son travail, et les preuves de ce que j'avance sont consignées dans ces pages. Bien qu'en petit nombre, elles prouvent d'une manière victorieuse que « il n'y a pas de cultivateurs pauvres dans le pays où la culture du tabac est permise, surtout quand on suit un bon mode de culture. »

NOTE.

BANDE HYDRAULIQUE A ÉPONGES.

Tout le monde sait que l'appareil pour extraire l'eau se compose d'un cylindre submergé dans l'eau, le plus profondément possible; un

autre cylindre est placé sur deux pieux préparés à cette effet et qui doivent avoir assez d'élévation pour arriver au niveau de la partie la plus
élevée du terrain que l'on veut arroser. Les deux cylindres tourneront
sur leur essieux et auront une position horizontale.

La faja hidraulica (bande hydraulique) fut dans le principe une corde
sans fin de sporton (genet d'Espagne) ou de crin. Maintenant on la fait
de cotonnine, et c'est une bande de cette toile d'une largeur convenable
depuis six pouces jusqu'à douze.

Le cylindre supérieur a, à une des extrémités de son essieu, une roue
dentée verticale, une autre aussi dentée et horizontale engageant ses
dents avec celles de la première, et mue par une bête de somme allant
au trot et attelée à un manége, fait tourner le cylindre supérieur, et
comme la faja (bande) passe par les deux cylindres, elle tourne aussi et
arrive imprégnée d'eau et la verse ou l'exprime, par son propre poids sur
le cylindre supérieur, et de là se répand dans un canal un peu en pente
qui vide son contenu dans une tanque ou la fosse qui doit être faite le
long de l'extrémité supérieure des sillons. Cet appareil sert à tirer l'eau
des puits ou des lagunes.

Quand on tire l'eau de la rivière, on supprime les roues dentées, et à
leur place on emploie une roue hydraulique mue par le courant même
de la rivière ou du ruisseau sans qu'on ait besoin d'appliquer la force
animale. Si le cylindre supérieur est trop élevé pour pouvoir agir de cette
manière, il faudra établir deux de ces roues qui s'engrainent.

Il y a deux ans que je communiquai à plusieurs propriétaires une idée
qui me paraissait devoir être utile. La faja (bande) de grosse toile, me
disais-je, prend moins d'eau qu'il ne faut quand il s'agit d'arroser une
grande étendue, par exemple une caballeria (13 hectares 50 ares) de terre ;
mais si, sur la bande de grosse toile, on adapte des bandes d'éponge d'un
demi-pouce d'épaisseur de manière à couvrir toute la toile, et couvrir
ensuite ces bandes d'éponge avec une autre bande de toile cousue à la
première par les côtés, donnant quelques points en quinconce vers le
centre pour que les éponges ne puissent changer de place, ce sera beaucoup plus efficace, et elle donnera, chaque fois, une triple quantité
d'eau.

Quelqu'un m'a dit dernièrement que ces *fajas con esponjas* s'emploient
avec sucès, je ne me souviens plus où, je crois en Angleterre, ce qui
m'engage bien d'avantage à les recommander. Ces fajas doivent donner
beaucoup d'eau, quand les autres et même la corde sans fin donnent de
si bons résultats.

QUESTION DES TABACS DU CRU
DE LA GUADELOUPE.

Il résulte de la correspondance ministérielle que les tabacs envoyés de la Guadeloupe au Département et provenant des cultures du pénitencier des Saintes et de celles de MM. Chaulet et Huard Lanoiraix, ont été expérimentés au laboratoire de l'Exposition permanente de l'Algérie et des colonies.

Les documents que nous publions ci-après indiquent que cet examen a fait constater que la colonie est suseptible de produire des tabacs de qualité supérieure, lorsqu'elle saura mieux appliquer les moyens de préparation déjà désignés, en partie, dans les communications adressées par le Département à l'Administration locale et portées à la connaissance des planteurs; le pays pourrait alors, non-seulement s'affranchir de l'énorme tribut qu'il paye annuellement à l'étranger, mais encore approvisionner la France d'une partie des espèces exotiques qu'elle achète à grands frais.

En signalant ces avantages à l'intérêt des planteurs, l'Administration appelle leur plus sérieuse attention sur les développements à donner à cette culture qui peut, avec le coton, le cacao et la vanille, fournir de très-précieuses ressources à la propriété.

Le dessin dont il est parlé dans la note ci-dessous, est déposé à la Direction de l'Intérieur (bureau de l'Agriculture et du Commerce), où il en sera donné communication, sans déplacement, aux personnes qui le désireraient.

EXAMEN d'échantillon de tabacs en feuilles et de cigares adressées, par la Guadeloupe, à l'Exposition permanente de l'Algérie et des colonies.

1° Tabac en feuilles récolté par M. Chaulet.

Tabac corsé de 50 centimètres de long, composé, en grande partie, de feuilles d'un vert foncé ou de couleur mélangée. Ce tabac, possédant une sève aromatique, laisse donc à désirer uniquement sous le rapport de la finesse du feuillage et de la dessiccation.

Afin de faire disparaître ces défauts, seule cause de l'accueil défavorable fait jusqu'à ce jour aux tabacs de la Guadeloupe, il conviendra de récolter beaucoup plus tôt. En général, la colonie produit des tabacs trop longs, les feuilles d'un tissu fin dépassant rarement 40 centimètres, même à la Havane. Dans les lieux où le tabac risquerait de devenir corsé, on ne lui laisse pas même atteindre 20 centimètres, comme le prouve l'échantillon de la Macédoine envoyée à la colonie à titre de renseignement.

Pour que les tabacs acquièrent une grande valeur, le cultivateur devra ne se préoccuper aucunement de la plus ou moins grande longueur des feuilles et s'attacher uniquement à obtenir, par les soins de culture déjà indiqués, un feuillage soyeux, à nervures fines et souples. Il faudra donc récolter quand les feuilles auront 40 centimètres de longueur au maximum, *quand même elles seraient vertes*. Le tabac n'ayant pas eu le temps alors de prendre autant de chair, ne sera plus corsé; en outre, il sera moins gommeux et brûlera mieux, la gomme étant un obstacle à la combustion. Il sera bon aussi de récolter à 30 centimètres, afin de pouvoir juger de la finesse du tissu suivant la dimension du feuillage.

Là est le secret de la production du tabac fin.

Relativement à la dessiccation, les cultivateurs devront faire quelques essais préliminaires sur un petit nombre de feuilles avant d'opérer sur la récolte entière. Ainsi on en exposerait quelques spécimens en pleine lumière, pendant que d'autres seraient séchés simplement à l'ombre et enfin dans l'obscurité complète. En se plaçant dans des conditions différentes, on reconnaîtra bien vite quel mode de dessiccation il conviendra d'adopter.

Comme type de coloration uniforme et bien tranchée, on adresse quelques feuilles remarquablement fines, récoltées au jardin botanique de la Réunion. C'est afin que la colonie se pénètre bien qu'il faut, pour que la coloration soit uniforme, que chaque partie du feuillage présente nettement la même teinte, soit jaune pour le tabac à fumer, soit brune pour les cigares.

En outre, on adresse plusieurs manoques pour servir de modèle lors du manoquage.

Enfin, pour que la colonie puisse apprécier elle-même l'exactitude des observations faites sur les tabacs de M. Chaulet, on a fabriqué avec ces feuilles des cigares du modèle de ceux du Brésil, vendus à 0 fr. 10 cent. par la régie. Malgré les soins qu'on a mis à rechercher des feuilles nettement brunes pour servir de robes, on n'en a trouvé qu'un petit nombre dans les 8 kilogr. envoyés; aussi ces cigares sont-ils de couleur mélangée et se ressentent-ils de la grossièreté du feuillage.

Il n'en a pas été de même des feuilles précédemment envoyées et récoltées au pénitencier de l'Ilet-à-Cabri. Elles sont aussi plus fines et méritent par conséquent la préférence sur celles de M. Chaulet.

On a fabriqué avec ces feuilles des cigares (modèle du Brésil et modèle plus court des cigares de la régie à 0 fr. 10 cent.), qui sont emballés conformément aux indications déjà données; la boîte renfermant des cigares faits avec les feuilles de l'Ilet-à-Cabri, porte une vignette analogue à celles employées par les fabricants.

2° Cigares adressés par M. Huard-Lanoiraix.

En comparant ces cigares avec ceux que l'on envoie à la colonie, M. Huard reconnaîtra sans doute, lui-même, qu'il n'est pas possible que la régie puisse laisser au consommateur, seul juge en pareille matière, des cigares d'une telle apparence. D'ailleurs, ces cigares sont trop serrés et d'une combustion généralement difficile. Pour le moment, et jusqu'à ce que la colonie ait produit des tabacs fins, il semble qu'on ne devrait pas se préoccuper des cigares, d'autant que cette fabrication aura besoin d'être montrée, pour qu'on puisse la faire convenablement et avec l'économie de temps et de tabac dont elle est susceptible.

De l'examen ci-dessus, il résulte que le sol de la Guadeloupe se prête à la production des tabacs supérieurs ; pour conserver leur qualité, ils n'auront donc besoin que d'être bien préparés.

Afin d'atteindre rapidement la perfection exigée par le commerce, il est indispensable que la colonie continue à adresser des échantillons, et qu'on les examine en silence jusqu'au jour où cette perfection sera telle que les tabacs seront certains d'être accueillis avec faveur par la régie et le commerce.

En procédant autrement et comme à l'époque qui a précédé de bien peu l'abandon de la culture du tabac à la Guadeloupe, on verrait de nouveau les fabricants, ordinairement peu préoccupés de la manière dont chaque pays produit ou doit produire, repousser les tabacs sans même indiquer les motifs de leur refus. L'on ne doit pas compter non plus qu'ils se montreront plus empressés à enseigner leur mode de fabrication des cigares, chaque fabricant ayant des procédés particuliers qu'il tient généralement à garder.

Notes sur les tabacs joints comme modèle à l'envoi des cigares.— Type de la Guadeloupe.

Les feuilles de la Macédoine, précédemment envoyées à la Guadeloupe avec les modèles de cigares, sont destinées uniquement à la fabrication du tabac de pipe ou scaferlati. Elles doivent servir de type de tabac fin et à sève aromatique bien prononcée.

L'on ne réclame pas une telle finesse des feuilles de la colonie, il suffit qu'elles ressemblent au tabac de la Réunion joint à l'envoi, quelle que soit leur longueur, alors il sera possible de fabriquer des cigares bien plus parfumés.

Ainsi qu'on l'a déjà recommandé dans un but d'économie, il serait à désirer que les feuilles de la Guadeloupe fussent emballées désormais dans des enveloppes en toile, l'on peut suivre la marche indiquée précédemment ou un procédé analogue à celui de la régie.

La figure première du dessin ci-joint montre la disposition des moules de la régie qui se composent :

1° D'un fonds carré en bois sur lequel deux montants sont fixés par des ferrements;

2° D'un plateau qui reçoit la pression de la vis;

3° De deux portes.

Pour confectionner une balle de tabac, on opérera de la manière suivante : on étendra d'abord sur le fond une enveloppe de 1^m,50 de long sur 0^m,50 de large, de manière que chaque bout dépasse d'une même quantité les deux côtés du moule (figure 2 A' B'); puis on remplira de manoques de tabac l'intérieur du moule jusqu'à 0^m,70 de hauteur, et on appliquera le plateau dont on provoquera la pression par quelques coups lourds. On laissera ensuite en repos pendant une ou deux heures. Lorsque enfin, après des pressions successives, le tabac se sera tassé de manière à ne plus occuper que 0^m,50 de hauteur, on enlèvera le plateau et on placera sur le tabac une seconde enveloppe de 1^m,50 de long, mais de manière qu'elle forme un angle droit avec la première (figures 3 et 4). Les bords de l'enveloppe supérieure passeront par conséquent par-dessus les montants E. E.

La pression étant arrivée de nouveau au même point de 0^m,50, on enlèvera les deux portes et on coudra, sous le plateau même et pendant la pression, les deux bouts A' B' (figures 2 et 4) aux côtés A' B' (figure 3).

Cela fait, on rejette la balle hors du moule et on la corde rapidement. On joint ensuite les côtés C' D' aux extrémités C' D'. Il ne restera plus alors qu'à coudre les quatre côtés, pour que la balle soit confectionnée.

Tel est le procédé suivi par la régie, qui emballe tous les tabacs sous toile. En Chine et dans la Russie méridionale, on emploie des nattes.

La confection d'un moule pareil à celui de la régie entraînerait une bien faible dépense.

NOTE SUR LES TABACS DE LA GUADELOUPE
Adressés au concours agricole de 1860.

Paris, le 12 septembre 1860.

Les échantillons de tabacs en feuilles cultivés par MM. Chaulet et Sainte-Croix de Marsan, ont été examinés au laboratoire de l'Exposition et ont donné lieu aux observations suivantes :

1° TABAC DE M. CHAULET.

Maryland et Richmond. — Feuilles de 0^m,45 de longueur, bien tirées et manoquées, d'un tissu assez fin et d'une bonne coloration brune. Odeurs identiques et douces, mais ne rappelant pas celle du Maryland employé dans les ateliers de la régie et participant plutôt de la nature des feuilles cultivées dans l'Amérique du Sud : Porto-Rico, Varinas, etc.

Havane. — Feuilles complétement analogues, sous le rapport de la longueur, de la couleur et de la finesse du feuillage, au véritable Havane. On remarque seulement que l'odeur de celui cultivé à la Guadeloupe est moins prononcée et non ammoniacale.

Tous ces tabacs ont été convertis en cigares de bonne qualité, mais on n'a pu le faire qu'en ayant recours à la macération, attendu la nécessité de leur enlever l'excès de gomme qui s'opposait à leur combustion. La régie n'ayant généralement pas recours à ce moyen, il est indispensable que tout d'abord les tabacs qui seront destinés à cet établissement soient parfaitement combustibles. — Il y aura donc lieu de rechercher, comme on l'indiquera dans les instructions ci-jointes, d'où provient la cause de cette dernière trace de défectuosité et de la faire disparaître.

L'échantillon de feuilles lancéolées, à nuance claire et à tissu fin, précédemment envoyé par le même exposant, réunissait à un bien plus haut degré toutes les conditions exigées par la régie, et c'est celui-là seul qui a valu à M. Chaulet la médaille d'argent décernée par le Jury du concours national d'agriculture.

2° Tabacs de M. Sainte-Croix de Marsan.

Feuilles d'une belle coloration jaune et d'un tissu assez fin ; odeur aromatique et miellée. Ce tabac ne s'éteignant pas aussitôt qu'il a été allumé et répandant une fumée douce et agréable, réunit par conséquent les caractères des tabacs dits légers employés avec avantage dans la fabrication française. Aussi a-t-on pu le convertir en scaferlati (tabac à fumer) sans lui faire subir d'autre préparation qu'une simple humectation.

Les défauts du triage et du manoquage ont seuls empêché le Jury d'accorder une médaille d'argent à M. Sainte-Croix de Marsan, il est donc du plus grand intérêt de faire bien comprendre aux producteurs tous les désavantages qui résultent pour la régie de la livraison de manoques formées de feuilles de dimensions différentes, et liées contrairement à ses prescriptions.

Enfin, on doit faire remarquer que dans cet échantillon, les feuilles de moins de $0^m,35$ sont plus fines, plus aromatiques, plus combustibles, et par conséquent supérieures à celles qui sont plus longues ; la coloration de ces dernières est, d'ailleurs, différente quand on compare l'envers et l'endroit du limbe, et c'est là un manque de qualité qu'il faut tâcher d'éviter par une meilleure méthode de culture ou de dessiccation.

Les résultats obtenus jusqu'à ce jour faisant espérer que le sol de la Guadeloupe peut se prêter à la production des tabacs légers spécialement employés pour la fabrication des espèces à fumer, tabacs que la France est obligée de tirer de l'étranger pour des valeurs considérables, on a pensé qu'il était de l'intérêt de la colonie de persévérer dans des essais de culture qui ont amené depuis quelque temps de si notables changements dans la qualité des produits, en ayant soin toutefois de se conformer aux instructions qui accompagnent la présente note.

Relativement aux semences à employer, on peut se servir de toutes celles qui produisent des feuilles *fines, aromatiques* et *combustibles*, comme celles de Varinas, Porto-Rico, etc., et surtout celles de la Havane qui fournissent l'espèce de tabac cultivée à la Vuelta de Abajo. L'Administration locale devra donc en demander aux consuls français dans ces pays, ainsi que des spécimens de feuilles qui serviront de types pour les producteurs.

Ainsi qu'il a été déjà dit dans la note sur le tabac, insérée dans la *Revue coloniale* du mois de décembre 1858, la seule espèce que les colonies peuvent espérer livrer aux manufactures de la métropole sont les tabacs légers ou fins que la France ne produit que d'une manière très-insuffisante, mais il faut avant tout que ces tabacs soient combustibles. La régie, en effet, ne faisant subir aux feuilles destinées à la fabrication des cigares et du tabac à fumer qu'une simple humectation pour pouvoir les travailler, et cette opération ne pouvant rien ajouter à leur degré de combustibilité, il ne lui serait pas possible d'employer des produits qui laisseraient à désirer sous ce rapport. Les petites fabriques peuvent employer de telles feuilles en leur faisant subir une macération plus ou moins prolongée, destinée à enlever une partie de leur âcreté et de la gomme, mais la régie, qui opère sur des quantités considérables, ne saurait avoir recours à ce moyen sans augmenter sensiblement la main-d'œuvre et les frais de combustible, en ce sens qu'il deviendrait nécessaire alors d'évaporer une plus grande quantité d'eau que celle fournie par la simple humectation ordinaire ; il faudrait, en outre, augmenter le nombre des appareils de chauffage et les emplacements pour que le travail puisse se faire dans l'unité de temps réglementaire.

Les feuilles corsées et âcres pouvant être rendues combustibles et douces par la macération et cette opération ne devant sans doute pas entraîner dans les colonies des frais de combustible comme en France, puisqu'on peut y utiliser pour la dessiccation la chaleur atmosphérique, l'Administration devra examiner s'il n'y aurait pas avantage pour la colonie de faire fabriquer, soit au pénitentier des Saintes, soit sur les habitations domaniales, des tabacs à fumer (modèle de la régie), qui pourraient être vendus au profit de ces établissements ; cela permettrait d'employer utilement celles des feuilles qui ne conviendraient pas à la régie et de donner en même temps plus d'extension aux essais actuels de culture. La colonie aurait à faire dans ce cas l'achat d'une petite machine à hacher, de 600 francs environ, qui lui serait adressée par le ministre avec des instructions convenables.

En attendant le résultat des essais, si la colonie possède des tabacs réunissant les conditions réclamées par la régie, il sera bon d'en adresser 50 kilogrammes environ à l'Exposition permanente, pour être soumis à la manufacture des tabacs de Paris. La qualité des tabacs qui feront l'objet de ce premier examen devant naturellement exercer une grande influence sur les appréciations futures de cet établissement, il est nécessaire d'apporter le plus grand soin à cet envoi et de le différer au besoin jusqu'à ce qu'il puisse être fait d'une manière convenable.

D'après ce qui précède, la colonie peut juger elle-même la qualité des tabacs cultivés au pénitencier des Saintes et dont un nouvel échantillon vient de parvenir à l'Exposition permanente dans un parfait état de conservation ; comme du reste tous les tabacs de la Guadeloupe.

INSTRUCTIONS GÉNÉRALES SUR LE TABAC.

COMBUSTIBILITÉ.

Lorsqu'on allume une feuille sèche à une bougie enflammée et qu'on la retire du feu, elle doit fumer pendant quelques secondes en produisant à la partie enflammée une cendre blanche ou blanchâtre.

QUALITÉ.

La fumée ne doit être ni âcre, ni piquante. Quand on coupe la feuille et qu'on l'allume dans la pipe, la combustion doit se faire facilement sans laisser de mauvais goût à la bouche.

Généralement, ces conditions ne sont réunies que par des feuilles d'un tissu fin et non gommeux, elle sont par conséquent sèches à la main, tandis que celles dites corsées, qui ont acquis un excès de chair par une végétation trop prolongée, sont grasses et collantes à la main ; elles s'éteignent aussitôt qu'on les a allumées, en répandant ordinairement une fumée âcre et désagréable.

Afin d'obtenir la combustibilité et la qualité, il convient d'essayer les feuilles, préalablement séchées à différentes périodes de la végétation, et de procéder à la récolte aussitôt que l'essai à la bougie enflammée aura démontré qu'une plus longue croissance menace de leur faire acquérir trop de chair.

Lorsque l'essai à la bougie enflammée indique que toutes les feuilles deviennent incombustibles, il y a lieu de rechercher de la manière suivante la cause de cette défectuosité. Le terrain sera divisé en trois parties : la première ne recevra pas d'engrais, tandis que les deux autres en recevront de nature différente, mais en quantité égale. La même graine se trouvant placée alors dans trois conditions différentes, il est probable que l'on saura la cause de l'imperfection des tabacs. Dans le cas où le résultat obtenu ne serait pas nettement accusé, il serait clair que la composition de sol ou son exposition serait un obstacle à la production de tabacs combustibles.

Enfin, relativement au choix de la graine, la colonie ayant intérêt à produire des tabacs fins qui sont généralement courts, il convient de donner la préférence à celles qui produisent des feuilles cordiformes, celles lancéolées ayant, à égalité de longueur et de finesse, un développement moindre et donnant, par conséquent, un poids inférieur.

En ce qui concerne les feuilles de la Havane, afin d'y développer un très-léger goût ammoniacal, résultat ordinaire de la fermentation, il sera bon d'essayer si on ne pourrait pas le provoquer. Dans ce but, avant de procéder à l'emballage, on réunirait les manoques en tas dans un lieu sec et chaud pour qu'elles s'échauffent; aussitôt que ce goût se sera manifesté, mais très-légèrement, on arrêtera la fermentation en aérant les manoques.

TRIAGE.

Pour faciliter le travail en manufacture, les feuilles devront être triées par longueur et par couleur jusqu'à $0^m,10$ (dix centimètres) inclusivement, pourvu que la côte de ces dernières soit très-fine, et on aura soin d'exclure toutes celles qui seraient vertes ou bigarrées

Enfin, on devra enlever tous les gros nœuds provenant de la tige et qui seraient encore adhérents au pétiole.

MANOQUAGE.

Les manoques de 30 feuilles environ peuvent être ou planes ou cylindriques. Chacune d'elles comprendra des feuilles d'une même nuance et d'une longueur à peu près égale, en formant des classes suivant la dimension du feuillage. Dans la première seront les manoques de $0^m,45$ à $0^m,35$, par exemple; dans la seconde, celles de $0^m,35$ à $0^m,25$, et ainsi de suite jusqu'à $0^m,10$ inclusivement.

EMBALLAGE.

Les premiers envois destinés à la régie ne devant pas être assez importants pour qu'il y ait lieu d'emballer à part chaque classe de manoques, ou les réunira toutes dans une même enveloppe, mais en les séparant par un lit de trois ou quatre feuilles. Chaque classe correspondra à des types désignés sous les lettres A. B. C. D.... suivant le mode adopté par la régie, et une manoque de chacune des classes portera une étiquette indiquant la marque du type et le poids.

Enfin, les tabacs devront être soumis à la pression, et l'enveloppe qui les contiendra, mais qui n'aura pas besoin d'être double, comme cela a eu lieu pour les tabacs qui viennent de parvenir à l'exposition, devra porter les indications suivantes :

FEUILLES DE LA GUADELOUPE.
Types A. B. C. D....

Brut......   kilogr.
Tare......
Net.......

Pour résumer enfin toutes les opérations du culture au point de vue commercial, l'état ci-après devra être rempli avec soin et adressé en même temps que les échantillons des tabacs cultivés pour essais.

1° *Frais de culture.*

Superficie employée..............   mètres carrés.

Espèce de graine.

Distance des plants entre eux.. { Longitudinale.   cent.

                        { Transversale.

	DATES.	NOMBRE de journées employées.	VALEUR.
Préparation de la terre........			
Formation du semis..........			
Transplantation.............			
Remplacement des plants morts			
Sarclage....................			
Binage.....................			
Écimage....................			
Récolte.....................			
Triage et manoquage........			
Quantité et nature de l'engrais employé................			
TOTAL..........			

2° *Évaluation du poids de la récolte.*

Nombre de pieds de tabac qui devraient exister sur la plantation de la récolte, ci..................................

Nombre de pieds manquants, ci................

        Reste en quantité totale..........

Nombre de feuilles existant à chaque tige de tabac, d'après une moyenne prise sur 100 pieds, ci..............

Quantité totale de feuilles existant sur la plantation, ci... k. g.

Poids moyen de 100 feuilles vertes, ou plus, ci...

Idem de ces mêmes feuilles après dessiccation, ci..

Poids total de la récolte....................

Poids approximatif de chaque type.... { A... k. / B... / C... / D... }

Un échantillon de tabac récolté au pénitencier des Saintes, envoyé à **Paris**, par les soins de l'Administration locale, a été l'objet, dans le laboratoire de l'Exposition, d'analyses approfondies qui ont conduit à constater que ce produit présente, à côté de grandes qualités, des défauts de coloration et d'incombustibilité.

En vue de mettre les producteurs en mesure de corriger ces défauts, S. Exc. a fait préparer une instruction sur les procédés de fermentation en usage pour le tabac.

L'Administration s'empresse de publier ce travail, dont un exemplaire sera d'ailleurs mis à la disposition de chacun des colons qui se livrent à cette culture.

INSTRUCTIONS SUPPLÉMENTAIRES
SUR LA CULTURE DU TABAC.

Dans une précédente note, l'Exposition a tracé la marche à suivre pour la production et l'envoi des tabacs de la Guadeloupe. Il convient aujourd'hui d'indiquer, à titre de renseignement, les moyens employés par les bons producteurs d'outre-mer et les fabricants eux-mêmes, dans le but d'ajouter à la qualité du tabac.

Il est acquis qu'une légère fermentation achève la maturité du feuillage, développe la couleur uniforme et le goût du tabac, de même aussi qu'elle détruit la matière visqueuse et âcre qui le rend souvent incombustible. La fermentation se produit toutes les fois que des substances organiques suffisamment humides sont réunies en amas et qu'elles sont préservées de l'air extérieur.

Trois méthodes sont en usage pour y arriver : en bottes vertes; en feuilles préalablement séchées à l'air libre; en manoques.

Dans le premier système, les feuilles, après avoir été cueillies une à une, triées par la longueur et superposées dans le même sens, sont réunies à l'aide d'un lien, en bottes de 0^m,30 environ de diamètre, qu'on serre les unes contre les autres, dans un lieu couvert, et mises à l'abri de l'air extérieur. Dans ce but, après avoir étendu sur le sol, soit des paillassons, soit de la paille, etc., on y place debout sur les caboches, les bottes qu'on recouvre ensuite de toutes parts avec ces mêmes paillassons. Au bout de quelques jours (3 jours dans les pays chauds), la masse s'échauffe, l'odeur particulière du tabac se manifeste, la viscosité du feuillage disparaît et sa couleur, de vert foncé qu'elle était, passe successivement au jaune orange, au brun clair, au marron, etc. La masse s'échauffant de plus en plus, il viendrait bientôt un moment où la température serait telle qu'elle *brûlerait* le feuillage en le faisant passer à la couleur noire, si l'on n'avait pas le soin de surveiller la fermentation et de l'arrêter au moment voulu. Il semble acquis, mais ce sera à l'expérience à le prouver pour la Guadeloupe, qu'une bonne coloration brune est suffisamment développée quand la chaleur n'a pas dépassé 45° du thermomètre centigrade. A ce moment, il est nécessaire de défaire la masse et d'isoler les bottes pour les aérer, ce qui arrête la fermentation. Les feuilles sont aussitôt enfilées de manière à former des chapelets, et on achève de les sécher à l'air libre et à l'ombre.

Dans le deuxième système, au moment de la récolte, on coupe la plante chargée de ses feuilles par le pied, et on attache ensemble deux plantes. Elles sont ensuite séchées à l'ombre en les plaçant à cheval sur des cordes, etc. Lorsque la dessiccation est achevée, c'est-à-dire, lorsque les feuilles ont pris une belle couleur jaune, on les détache de la tige et on les fait fermenter en bottes en prenant les précautions ci-dessus indiquées.

Dans le troisième système, celui des fabricants en manoques, les feuilles, préalablement séchées et manoquées, sont réunies en bottes, puis soumises à la fermentation.

Dans chacune des trois méthodes, afin de suivre pas à pas cette délicate opération, on introduit dans la masse, qui est ordinairement de forme cubique, un ou plusieurs thermomètres, suivant son volume, lesquels sont répartis sur sa surface.

Ces thermomètres (1) sont suspendus dans un bambou ou tube en bois creux percé de trous au bas, afin que l'air extérieur ne puisse pas avoir accès dans la masse; l'orifice du tube est fermé par un bouchon traversé par la corde qui doit tenir le thermomètre. Lorsque la masse s'est échauffée à 45°, on retourne le tabac une ou deux fois, en plaçant au centre ce qui était aux extrémités, et qui, plus accessible à l'air n'a pas fermenté au même degré; la masse est défaite ensuite et les bottes sont déliées afin de mieux aérer les manoques; ces dernières sont placées alors en petit tas, dans un lieu plutôt frais que chaud, et quelques jours après, elle peuvent être emballées.

Par cette opération, le tabac a non-seulement gagné en qualité, mais il a été soustrait à l'influence qui pouvait provoquer une fermentation préjudiciable pendant le transport par mer; l'excès d'eau de végétation ayant été éliminée à l'état de vapeur et de gaz.

Ces méthodes donnant de bons résultats, c'est à la pratique à décider laquelle est la plus économique. Là où la maturité du tabac presserait de récolter et où l'on manquerait de bras, le second système serait le meilleur, puisque la récolte se ferait d'une manière plus expéditive. Il pourrait être appliqué même là où l'on fait plus d'une récolte par année, puisqu'il suffirait de laisser un rejeton à la souche de la plante. Il a l'inconvénient toutefois, d'être parfois plus encombrant en forçant de transporter inutilement à domicile des tiges qu'il vaudrait mieux convertir en fumier sur le lieu même des plantations. C'est du reste à la colonie à juger cette question.

Le premier système, combiné avec le troisième, mériterait peut-être la préférence, puisqu'il permet de rectifier par la fermentation en manoques ce que la fermentation en bottes vertes pourrait avoir laissé d'incomplet . En effet, il peut arriver que le premier système seul ne développe pas une couleur uniforme dans toutes les feuilles. Dans ce cas, il suffirait de

---

(1) A défaut de thermomètres, on suit la fermentation avec la main, on l'arrête d'ailleurs dès que les feuilles paraissent suffisamment brunes.

mettre les manoques défectueuses au cœur d'une masse, c'est-à-dire à l'endroit où la chaleur se développe ordinairement le mieux, pour que les défectuosités disparaissent.

La fermentation est donc une opération très-importante, puisque c'est d'elle que dépend la qualité du tabac. Les autres opérations, à vrai dire, sont purement secondaires et ne peuvent présenter de difficultés pour les cultivateurs. Le moment précis où il convient de procéder à la récolte ne peut être non plus une cause de difficultés. En effet, connaissant la graine que l'on a employée et la nature du feuillage qu'elle produit, on sera sûr de récolter au moment voulu, quand les feuilles de la plantation auront atteint la longueur de celles qu'on a pour modèle. En admettant même que l'instant ait été mal choisi, que les feuilles soient encore trop vertes ou déjà trop jaunes, il y aura lieu uniquement de provoquer une bonne fermentation pour que les feuilles jaunes et les feuilles vertes soient amenées à une couleur uniforme.

C'est à la pratique à rechercher s'il est plus économique de récolter en une seule fois ou au fur et à mesure du développement du feuillage, de manière à n'adresser à la régie que le moins de types possibles, trois au plus. Les deux premiers (A et B) seraient composés de feuilles d'une belle nuance uniforme et inégaux seulement par la dimension du feuillage ; le troisième (C) serait composé de feuilles moins uniformément colorées, plus inégales de longueur, mais saines.

En résumé, il y a lieu de se rappeler que la régie exige, avant tout, que les tabacs qu'elle achète soient parfaitement combustibles, afin qu'elle puisse les employer, soit pour cigares, soit pour tabac à fumer, en ne leur faisant subir d'autre préparation qu'une simple humectation nécessaire pour pouvoir les travailler. Chaque cultivateur pourra donc être le propre juge de la qualité de sa récolte, en essayant le produit dans une pipe ; s'il est bien combustible et d'un goût agréable, il conviendra à la régie.

La fabrication exigeant que les côtes soient enlevées en tout ou en partie, de même que les caboches, il est sans doute inutile de dire qu'à qualité égale, celui des deux produits qui entraînera le moins de déchet et fournira au fabricant la plus grande quantité de matière utile, aura aussi la plus grande valeur. Le cultivateur a donc intérêt à s'adonner de préférence aux espèces à feuillage large et à côtes fines.

TABACS.

Par une dépêche, Son Excellence a fait connaître que l'examen des tabacs de M. Chaulet, envoyés récemment à Paris, a confirmé les experts dans l'espoir de voir réussir cette culture à la Guadeloupe; il n'y manquait qu'un peu de combustibilité, et le rapport que nous publions ci-après donne les moyens de combattre ce défaut.

Déjà une précédente note résumait les procédés de fermentation et d'emballage. Ces renseignements, puisés aux meilleures sources, étant du plus grand intérêt pour les producteurs, tous ceux que le service de l'Exposition a fait parvenir dans la colonie jusqu'à ce jour seront coordonnés par les soins de l'Administration, qui les portera à la connaissance de MM. les habitants.

Nous publions, à la suite de la note relative à l'examen des tabacs de M. Chaulet une dépêche adressée par S. Exc. le Ministre de la marine et des colonies à S. Exc. le Ministre des finances.

Les planteurs de la Guadeloupe trouveront, dans les résultats obtenus par les tabacs de la Guyane, un puissant encouragement à persister dans la voie pleine d'avenir tracée à ceux de la Guadeloupe.

NOTE sur les Tabacs de M. Chaulet, envoyés par l'Administration de la Guadeloupe et analysés au laboratoire de l'Exposition.

Les tabacs (Havane et Richemond), adressés par M. Chaulet, sont parvenus en parfait état de conservation ; leur feuillage présente un bon développement et une belle coloration, le tissu en est fin et propre aux couvertures de cigares ; ils sont supérieurs, en un mot, à ceux précédemment envoyés par le même producteur, et on a pensé qu'on pouvait les présenter à la manufacture impériale des tabacs, bien que laissant encore à désirer sous le rapport de la combustibilité.

L'essai à la bougie allumée montre, en effet, que ces tabacs brûlent avec flamme et s'éteignent aussitôt en charbonnant. La combustion a lieu d'une manière plus continue quand les feuilles ont été préalablement humectées, puis desséchées de nouveau.

Les cigares confectionnés avec les deux espèces de feuilles ont pu, après cette préparation, être fumés entièrement, bien qu'avec quelque difficulté. La fumée de ces tabacs étant douce et aromatique, il ne reste donc plus qu'à combattre cette incombustibilité pour arriver à la perfection complète.

L'analyse chimique à laquelle les feuilles ont été soumises démontre qu'elles contiennent les principes qu'on rencontre dans les meilleurs crus ; le terrain qui les a produits, non loin du littoral, étant favorable, il n'y a pas lieu d'attribuer au sol le défaut qu'on leur reproche ; il provient uniquement de ce que la fermentation n'a pas été développée suffisamment. Il sera nécessaire, par conséquent, de se conformer plus exactement aux prescriptions déjà adressées à la colonie et de continuer la fermentation jusqu'à ce qu'une feuille fermentée, immédiatement sèche et présentée à la bougie, brûle lentement sans flamme, en donnant une cendre blanche et en répandant une senteur agréable et bien caractérisée.

Quand ce résultat aura été obtenu, on remarquera que l'odeur un peu ammoniacale inhérente au tabac et qui est faible dans les derniers échantillons envoyés, se manifeste bien davantage. On doit espérer que les tabacs provenant des graines de la Havane auront alors une analogie complète avec ceux de cette provenance. Dans le cas où le producteur, qui a annoncé une culture de 50 ares, posséderait des tabacs semblables à ceux qui font l'objet de cette note, et qu'il voulût les vendre à la régie, il serait nécessaire de les soumettre à une nouvelle fermentation, après leur avoir laissé prendre un peu d'humidité, soit en les exposant dans un lieu humide, soit mieux, s'ils sont déjà secs, en les arrosant bien également avec 5 0/0 d'eau pure. S'ils réunissent alors les conditions exigées, toute la récolte pourrait être adressée à l'Exposition.

Afin de mettre à même d'insister près de la régie sur la préparation des tabacs de la Guadeloupe, il serait bon que les feuilles saines et non déchirées fussent mises en manoques planes, qu'on lierait avec une matière textile fine et légère. Par là, on éviterait aux manufactures, qui auraient à en tenir compte au cultivateur, le travail dispendieux de l'aplatissage, bien plus facile à exécuter au lieu de production. En effet, dans les fabriques, il faut humecter les feuilles sèches destinées pour couvertures de cigares, afin de pouvoir les dérouler et les placer les unes au-dessus des autres, à la manière des feuilles d'un livre, état dans lequel elles sont soumises ou à la presse quand le cultivateur les a déjà fait fermenter, ou à la fermentation en masse de 1 mètre de haut qui provoque d'elle-même l'aplatissage, sans qu'il y ait nécessité de recourir à la presse après l'opération. Au lieu de production, au contraire, elles sont assez souples au moment de la récolte pour qu'on puisse les étaler sans difficulté. Il en sera de même des tabacs en question, puisqu'ils devront être humectés. Après la fermentation, il sera indispensable de bien aérer toutes les feuilles en les ouvrant en éventail et en les agitant pour obtenir une dessiccation complète et éviter une nouvelle fermentation après le transport.

Il serait bon, en outre, que la partie inutile des caboches située au delà du lien fût coupée sur place afin d'envoyer la plus grande quantité de matière utile sous le moindre volume possible, les manufactures, comme on le sait, rejetant de la fabrication les côtes et les caboches.

Les tabacs soumis à une nouvelle fermentation peuvent, aussitôt après réception, être envoyés en manufactures, si, à l'ouverture des caisses ou balles, on reconnaît qu'ils sont arrivés en bon état ; par conséquent, afin d'éviter à l'Exposition un déballage dans le but d'extraire les manoques nécessaires aux analyses et aux observations du laboratoire, on devra lui adresser séparément quelques manoques de chaque type avec les indications particulières qu'on croirait devoir ajouter, les caisses ou balles ne devant renfermer d'autres indications que celles de poids ou d'espèces, s'il y a lieu. Il est essentiel que les manoques adressées séparément correspondent bien exactement à celles des caisses ou balles. Enfin, suivant l'usage, on devra donner bon poids à la régie en forçant un peu la tare. Relativement à la fermentation qui, dans les fabriques, a lieu quelquefois quatre ou cinq fois de suite, il est opportun de rappeler qu'elle doit être conduite de manière à éviter que le feuillage se colore en noir et qu'il soit brûlé ; en un mot, il arrive cependant que certains tabacs exigent une fermentation telle, que ceux d'un tissu extrafin risquent de perdre la solidité indispensable à l'usage spécial auquel ils sont destinés ; dans ce cas, afin d'amoindrir l'action destructive de cette fermentation forcée, il convient de laisser le tabac sur pied plus longtemps, ce qui lui donne plus de chair.

La persévérance de M. Chaulet a produit déjà des résultats très-importants ; ses efforts intelligents ne peuvent manquer d'aboutir prochainement à un succès complet.

COPIE de la dépêche ministérielle, en date du 20 mai 1861, à S. Exc. le Ministre des finances.

Par suite des ordres donnés aux colonies d'entreprendre des essais raisonnés de culture de tabac au double point de vue de l'économie et de la qualité de la production, j'ai reçu de MM. les Gouverneurs de la Guyane et de la Guadeloupe un premier spécimen destiné à la manufacture impériale de Paris et qui va être dirigé, par les soins de mon département, sur l'établissement destinataire.

En m'adressant les tabacs de la Guyane, M. le Gouverneur

ne doute pas que leur qualité ne permette à la régie de les payer largement, suivant la déclaration qu'elle a faite en 1860 à propos de ceux de l'Algérie. Ces tabacs, en effet, ne laisseraient, selon lui, rien à désirer sous le rapport de la combustibilité et seraient aptes à produire des cigares d'un goût fin.

La qualité supérieure des tabacs de la Guyane n'a, du reste, pas lieu de surprendre, cette plante y venant à l'état sauvage chargée de feuilles d'une largeur remarquable et d'une finesse extrême. « J'adresse à Votre Excellence, pour la bien fixer à ce « sujet, quelques feuilles venues spontanément et d'autres de « la même espèce, mais cultivées, en regrettant de ne pouvoir « en faire apprécier une plus grande quantité par la régie, la « caisse qui les renfermait ayant été totalement avariée pendant « le transport. »

En présence de ce résultat, j'ai dû considérer la période des essais comme terminée à la Guyane, et j'ai prescrit, en conséquence, de commencer la culture du tabac sur une plus large échelle. Eu même temps, j'ai chargé des hommes spéciaux en matière d'agriculture de veiller au perfectionnement de ce produit, de manière à éviter plus tard à la colonie les reproches qui ont été adressés à l'Algérie après dix-sept années de culture.

Quant aux tabacs de la Guadeloupe, où l'on a déjà obtenu des résultats satisfaisants, comme le témoigne une certaine analogie avec ceux de la Havane, j'ai jugé devoir faire continuer les essais dans le but d'arriver à une analogie complète.

En cherchant à développer la culture du tabac dans nos établissements d'outre-mer, je n'ai pas perdu de vue qu'il était indispensable, pour ne pas créer de difficultés aux manufactures et devenir une cause de préjudice pour le trésor, de fournir des produits d'une qualité irréprochable. Les colonies m'ayant aujourd'hui prouvé leur supériorité de production, je n'ai d'autre faveur à réclamer pour elles que le droit, comme pays français, de concourir à l'approvisionnement des manufactures pour les espèces achetées à l'étranger.

DE LA CULTURE DU TABAC A JAVA.

On se préoccupe en Algérie de la production du tabac de qualité supérieure, propre à la confection des cigares, pouvant trouver un facile débouché sur les marchés européens et un emploi avantageux dans les ateliers de la régie.

Nous croyons que nos producteurs algériens trouveront des renseignements utiles dans la notice ci-après, sur les procédés de culture et de préparation du tabac employé à Java, dont les produits en ce genre sont d'excellente qualité et ont une grande vogue depuis quelques années sur les marchés.

Ce travail est extrait des notes qu'a bien voulu nous laisser M. Klein, l'un des principaux planteurs de Java, lors d'un voyage qu'il fit à Alger, il y a trois ans, et près duquel nous avons recueilli aussi beaucoup de renseignements oraux sur le même sujet.

Nous n'avons relaté que ce qu'il est utile aux cultivateurs de connaitre, et, nous nous sommes efforcé de reproduire fidèlement les idées de M. Klein sur cette matière.

Cet honorable planteur a eu encore la générosité d'apporter ici des graines des deux variétés de tabac cultivé à Java.

Le tabac cultivé à Java est principalement préparé pour les besoins des marchés de l'Europe, et c'est surtout vers la production des feuilles propres à faire les enveloppes de cigares que les efforts sont dirigés, comme étant celle qui donne le plus de profit aux planteurs.

Les tabacs de l'Amérique septentrionale, de Saint-Vincent, de Virginie, de Kentucky, de Georgie et de la Caroline, qui ne brûlent pas, ou qui brûlent mal, suffisent, dans le commerce, pour la préparation des tabacs à mâcher et à priser.

Les tabacs de l'Amérique méridionale, de Varinas et de Porto-Rico, ainsi que les tabacs légers de Limoorn et du Maryland, ne sont pas assez combustibles pour entrer dans la confection des cigares, mais ils sont recherchés en général pour fumer dans la pipe.

Les tabacs les plus oxygénés sont ceux qui brûlent le mieux, qui, en même temps, ont la meilleure odeur et la saveur la plus agréable, et sont par conséquent les plus propres à la fabrication des cigares (1). Le tabac de la Havane, particulièrement, est dans ce cas; il est le plus recherché et celui qui se paye le plus cher; mais la culture du tabac, à la Havane, ne produit qu'une quantité fort limitée de feuilles propres à faire la robe des cigares, et cette quantité ne suffit même pas à envelopper tout le tabac qui se produit dans l'île. On est obligé, pour se procurer les robes de cigares nécessaires, d'avoir recours aux feuilles grandes et légères du tabac de Saint-Domingue, de Varinas et de Porto-Rico, mais la qualité du cigare de la Havane s'en trouve diminuée.

Après le tabac de la Havane, le tabac de Manille serait le plus propre à la confection des cigares, mais il a l'inconvénient d'être d'une force extrême.

Bien que le tabac cultivé à Java soit inférieur à celui de la Havane, il réunit cependant des propriétés qui ne se trouvent chez aucun autre.

Quoique ses feuilles soient parfois épaisses, elles brûlent bien, tandis que les feuilles épaisses d'autres sortes et d'autres pays, ne brûlent pas ou brûlent peu.

Non-seulement le tabac de Java brûle bien, mais les cigares qui en sont faits donnent la cendre blanche et se consument jusqu'au bout sans s'éteindre.

Enfin ce tabac est celui qui donne la plus grande proportion de belles et grandes feuilles, propres aux robes de cigares, ayant

---

(1) M. Boussingault donne la composition suivante du tabac qu'il a cultivé en Alsace, au moment de la récolte :

Carbone	34,68
Hydrogène	4,18
Azote	3,36
Oxygène	44,08
Acide phosphorique	0,89
Potasse	3,40
Autres substances minérales	9,41
	100,00

cette belle couleur brune claire, tachetée de blanc; aussi on ne les emploie pas seulement à couvrir les cigares faits avec le même tabac de Java, mais elles sont très-recherchées pour enveloppes de cigares dont l'intérieur est de la Havane, attendu que cette sorte ne produit pas assez de robes, ainsi qu'il a été dit ci-dessus.

L'extrème infériorité des tabacs d'Europe et de l'Amérique septentrionale pour la confection des cigares, la consommation toujours croissante du tabac sous cette forme, font espérer que le tabac de Java, qui est éminemment propre à la confection des cigares, sera de plus en plus recherché. Cet espoir paraît d'autant mieux fondé, qu'il y a douze ans à peine que cette sorte de tabac est introduite en Hollande, et qu'elle y a remplacé, presque totalement, les tabacs de provenances américaines, dont l'usage prévalait depuis deux siècles.

Terrains propres à la culture du tabac.—A Java, on choisit de préférence, pour cultiver le tabac, les argiles sableuses, parce qu'elles favorisent le développement des racines et qu'elles laissent filtrer les eaux pluviales qui tombent en très-grande abondance; les terrains qui sont fréquemment submergés pendant la mousson des pluies conviennent au tabac, parce qu'ils s'enrichissent par l'addition des nouvelles couches alluvionnaires, pourvu, cependant, qu'ils ne conservent pas une trop grande humidité pendant le temps que le tabac occupe la terre.

Les emplacements soustraits aux forêts et récemment défrichés conviennent également, mais produisent du tabac moins souple que dans les terrains déjà soumis à un assolement régulier. Les terrains incultes et ceux qui sont en pentes douces sont l'objet d'une attention toute particulière, parce que, d'une part, ils ont encore toute leur fertilité primitive, et que, d'autre part, il se débarrassent vite de l'humidité surabondante des pluies, qui serait nuisible au tabac.

On répudie les terrains à base d'argile bleue, qui passent au schiste, parce qu'ils sont trop compactes, trop difficiles à travailler et qu'ils conservent beaucoup trop d'humidité. On évite aussi les terrains plats, chez lesquels l'eau ne trouve pas de pente pour s'échapper.

Le tabac n'est pas cultivé deux fois de suite à la même place; on a remarqué qu'en suivant la pratique contraire, c'est-à-dire qu'en cultivant le tabac plusieurs années de suite sur le même terrain, la récolte était moins abondante, et que la qualité diminuait. On a donc pris l'habitude d'alterner le tabac avec d'autres plantes. La plante qui s'est jusqu'ici le mieux prêtée à cette alternation est le riz. Le tabac succède au riz et le riz au tabac pendant un longue période, sans que l'on ait remarqué aucune diminution dans les produits des deux espèces, tant sous le rapport de la quantité que de la qualité. Le riz se récolte en mars et en avril et abandonne le terrain juste assez à temps pour la plantation du tabac.

Préparation de semis de tabac. — Les terrains de forêts, légèrement inclinés et renfermant de l'humus ou terreau, sont ceux qui méritent la préférence pour établir les pépinières de plants de tabac.

Si l'on n'a pas de pareils terrains sur son exploitation, on y supplée par ceux que l'on possède qui s'en rapprochent le plus, pourvu qu'ils ne soient pas compactes et contiennent assez de sable et d'humus pour permettre la libre infiltration des eaux pluviales, et afin que les racines déliées des jeunes plantes puissent s'étendre sans obstacle.

C'est ordinairement au commencement du mois d'avril que l'on commence à préparer les terres pour faire les semis. On donne deux et quelquefois trois labours, à huit ou quinze jours d'intervalle. Dans les grandes exploitations, ces travaux sont faits à la charrue traînée par des buffles, et l'on a toujours soin de croiser les labours, qui ont de 0^m,20 à 0^m,25 centimètres de profondeur, en ayant la précaution, dans tous les cas, de ne pas amener à la surface de la terre du sous-sol qui n'aurait pas encore vu le jour.

On partage ensuite le terrain en planches de 6 mètres de longueur sur 1^m,15 à 1^m,20 de largeur, qui se trouvent séparées par des sentiers de 0^m,40 à 0^m,45 de largeur; on oriente, autant que possible, ces planches de manière que leur longueur soit dans la direction de l'est à l'ouest. Avec une houe, on creuse ces sentiers à 0^m,25 ou 0^m,30 de profondeur, et, avec la terre extraite, on recharge les planches; cette disposition a pour objet d'assainir le semis et de donner un prompt écoulement aux eaux pluviales. Huit planches de la dimension ci-dessus indiquée suffisent pour produire le plant nécessaire à la plantation d'un acre, soit 50 ares. Il est indispensable que la terre destinée à ces semis soit parfaitement divisée.

Quand les planches sont dressées, on les couvre d'une bonne couche d'herbes ou de broussailles sèches auxquelles on met le feu. Dans le pays, on emploie à cet effet une espèce de thé sauvage nommé *akko-akko*. Cette espèce d'écobuage a pour effet de détruire les insectes qui sont dans la terre, et d'ajouter au sol un engrais alcalin très-favorable aux jeunes plants de tabac. Cela fait, on donne un léger grattage à la surface du sol et on répand les graines.

Il faut un pouce cube (soit 27 millimètres cube) de graine de tabac par planche; on la mêle bien uniformément avec cinq fois autant de cendre blanche de bois, et dix fois autant de sable bien sec, et l'on répand le tout à la main, aussi régulièrement que possible. La cendre blanche, dont la couleur se détache sur le sol, indique si l'on a semé avec régularité, et elle s'ajoute en même temps comme engrais utile.

Aussitôt la semaille faite, on répand sur le sol des planches une légère couche d'une espèce de laiche (*allang-allang*), herbe graminée qui croît dans les terrains humides. Puis on dispose au-dessus une espèce de toiture supportée par des piquets élevés de 1 mètre du côté du midi, et de 0^m,33 du côté du nord. Ces piquets sont reliés entre eux par des gaulettes; sur ce bâtis on met les tendelets. Les tendelets sont des nattes à mailles écartées, tressées avec des bambous refendus.

Les soins de la pépinière consistent ensuite à arroser, tous les matins avant huit heures, et les après-midi, vers les quatre heures, par-dessus la paille dont les planches sont couvertes.

Lorsque les petites plantes sont levées, ce qui arrive au bout de sept ou huit jours, on enlève doucement la paille et l'on continue les arrosements par-dessus les tendelets. On visite souvent la pépinière, principalement le matin, pour voir si les insectes, et surtout les chenilles, n'attaquent pas les jeunes plants.

Préparation du sol pour la plantation.— Dès que l'on a établi les pépinières, il faut se préoccuper de préparer le terrain pour la plantation du tabac, qui doit avoir lieu de quarante à quarante-cinq jours après le semis.

On donne d'abord à la terre une première façon, se composant de deux labours croisés, puis on répète encore deux et quelquefois trois fois cette opération, à dix ou quinze jours d'intervalle. La terre doit être extrèmement divisée, et plus elle est meuble, mieux le tabac réussit.

Tous les 25 à 30 mètres, dans le sens de la pente, on creuse des fossés de 0^m,50 de profondeur sur autant de largeur, pour faciliter l'écoulement des eaux pluviales. Dans les terrains qui n'ont que très-peu de pente et qui sont sujets à être inondés pendant la mousson d'ouest, il faut établir les fossés à des distances moins grandes. Ces rigoles doivent aboutir à un fossé principal ou collecteur qui facilite l'évacuation des eaux à mesure qu'elles arrivent.

Lorsque l'on n'a pas d'eau courante à proximité de la plantation, on fait des fossés ou canaux pour l'aller chercher et l'amener sur le champ, afin de pouvoir arroser, sans grands frais, les jeunes plants à mesure qu'ils sont mis à demeure.

Quoique l'on ait l'habitude, à Java, de planter le tabac sur la terre préparée à plat, il est cependant préférable de disposer le sol par billons de 1 mètre de largeur environ, portant chacun deux lignes de plantes. Cette disposition est très-favorable, à cause de la violence des pluies.

La plantation se fait en lignes, les plants espacés de deux pieds et demi, soit 0^m,67 et disposés en quinconce. Cette distance s'entend pour les terrains très-fertiles; dans les terres de moindre qualité, on la rapproche un peu plus. On transplante les plants lorsqu'ils ont cinq à six feuilles, et l'on évite toujours que leur tige soit étiolée. On a soin d'arroser la pépinière abondamment, avant de soulever les plants, afin de les avoir avec toutes leurs racines. A mesure que les plants sont repiqués à demeure, on les arrose au pied, puis on entoure chaque plant d'un fragment de tige de bananier, l'ouverture dirigée vers le midi (1), afin de le garantir, autant que possible, de l'action directe du soleil et du vent. On réitère les arrosements au pied des plantes jusqu'à ce qu'elles soient bien reprises. On fait cette opération le matin et le soir de préférence au milieu du jour.

Lorsque les plants de tabac ont atteint la hauteur des fragments de bananier, on enlève ceux-ci, on ôte les petites feuilles jaunes qui se trouvent à la base de la plante et l'on donne un binage, afin de bien délier la surface du sol, et en même temps on ramène un peu de terre au pied des plantes. Le terrain de la plantation est entretenu de telle sorte qu'il ne se fendille pas par excès de cohésion et qu'il n'y croisse pas de mauvaises herbes. Quand les plantes de tabac ont atteint la hauteur de $0^m,50$, on butte, après avoir enlevé les feuilles jaunes du pied; ce buttage est très-important pour soutenir la plante contre le choc du vent, et en même temps pour éviter qu'il ne se forme pas au pied une sorte de cuvette résultant de l'ébranlement, et dans laquelle les eaux pluviales séjournent d'une manière nuisible.

Écimage. — Aussitôt que l'on aperçoit les boutons à fleurs réunis en bouquet au sommet de la tige, on procède au pincement, en saisissant avec l'ongle du pouce et l'index les boutons à fleurs, avec les trois à cinq petites feuilles qui les entourent. Un peu plus tard, on voit des bourgeons se développer à l'aisselle des feuilles supérieures, on les supprime de la même façon dès qu'ils paraissent, afin de faire refluer la sève vers les feuilles.

---

(1) Est-il besoin de rappeler que, géographiquement, le midi de Java est le nord pour nous.

Récolte de la graine et sa conservation. — La conservation de la graine et le choix des types reproducteurs sont considérés comme de la plus haute importance ; donc, avant d'écimer les plants de tabac, on a soin de distinguer les plantes qui se font le plus remarquer par la ténuité, la longueur et la largeur de leurs feuilles.

Dès que les capsules renfermant la graine brunissent et se fendillent, on les récolte, en coupant la cime qui les supporte. Le mieux est de conserver les graines dans leurs capsules, après avoir fait sécher le tout. On les enferme dans des sortes de ballons, faits en papier huilé, que l'on suspend dans un endroit où l'on fait du feu et de façon que la fumée les environne. La fumée dépose sur le ballon de papier de l'huile empyreumatique qui éloigne les insectes et donne de la vigueur au germe que contient la graine.

De la récolte des feuilles. — Il est difficile de préciser à quelle époque le tabac peut être récolté, et d'indiquer le temps qui doit s'écouler depuis la semaille jusqu'à la récolte des feuilles. Une foule de circonstances que l'on ne peut prévoir pouvant avancer ou retarder la maturité. Mais on peut dire qu'en moyenne la récolte se fait trois mois après l'ensemencement de la graine, la plante mettant à se développer environ quarante-cinq jours depuis le semis jusqu'au repiquage, et environ quarante-cinq jours du repiquage à la récolte des feuilles.

On reconnaît que le tabac doit être récolté lorsque les feuilles prennent une teinte jaunâtre ou des marbrures jaunes, qu'elles ont de la transparence, et que les nervures de la feuille se distinguent mieux qu'à l'ordinaire.

On porte la plus grande attention aux signes qui doivent indiquer la maturité des feuilles. Si l'on récolte trop tôt, les feuilles restent épaisses, prennent une vilaine nuance et donnent du tabac qui brûle mal, tandis que les feuilles qui ont trop mûri perdent sur-le-champ de leur souplesse et de leur élasticité, et ne conviennent plus pour les enveloppes de cigares, ce qui leur retire beaucoup de leur valeur.

Les planteurs qui tiennent à ne produire que des tabacs de qualité tout à fait homogène récoltent feuille à feuille. La cueillette, sur un même pied, se fait à peu près en trois fois : d'abord les feuilles du bas, qui mûrissent les premières, puis celle du milieu, et enfin celles du sommet.

Mais, dans la majorité des cas, on s'attache à cultiver de grandes étendues, et ne pouvant plus disposer d'une main-d'œuvre suffisante pour récolter par feuille, on récolte le plus généralement par pied, c'est-à-dire en coupant la plante par le pied. Par ce procédé expéditif, la culture du tabac n'en occupe pas moins, en moyenne, six ouvriers par acre, soit douze ouvriers par hectare (1) environ. Les plantations de 100 à 300 acres ne sont pas rares; de sorte que chaque exploitation a une véritable armée de travailleurs.

On ne coupe les pieds de tabac que lorsque le soleil a dissipé la rosée et donné un peu de flaccidité aux feuilles, afin qu'elles ne se déchirent pas pendant la manipulation. On commence ce travail vers neuf heures du matin et on le cesse vers quatre heures du soir.

Tandis que les plus habiles choisissent les pieds de tabac mûrs et les coupent près du sol, d'autres attachent des boucles ou anneaux en jonc à la base des plantes pour les suspendre, et on les accroche, à mesure, à des chevilles fichées à une sorte de portoir composé de deux bambous longs de deux mètres, que deux hommes tiennent sur leurs épaules; sur ces bambous est assujetti une sorte de toit fait en laîche ou en feuilles de cocos tressées, pour garantir les feuilles du vent et du soleil. Lorsque les deux hommes ont leur charge de pieds de tabac accrochés au portoir, ils les transportent au séchoir, en les déposant sur l'aire avec précaution, pour ne pas briser les feuilles, puis on les suspend pour sécher.

De la disposition du tabac dans le séchoir. — Le séchoir est

---

(1) Il ne faut pas perdre de vue que ces ouvriers sont des Javanais, de race malaise, dont l'indolence égale celle des Indiens.

une sorte de grange, élevée avec des troncs d'arbres, recouverte
et fermée autour avec les feuilles de palmiers ou de la laîche.
Sur les côtés sont des ouvertures que l'on ouvre et ferme à
volonté pour aérer et ventiler, selon qu'il est besoin, et au
sommet du toit, qui est à deux pentes et se termine en pointe,
on ménage aussi quelques ouvertures pour laisser échapper
l'humidité. Des traverses sont fixées sur les piliers du séchoir,
et c'est à ces traverses que l'on suspend les pieds de tabac, en
passant des perches ou gaules dans les boucles en jonc attachées
aux pieds des plantes.

On maintient d'abord, entre les plantes suspendues, une
distance de 5 pouces, soit 0^m,13 1/2. Si le temps est convenable, au bout de dix à quinze jours, le tabac a pris une
teinte brun clair, il a considérablement diminué de volume,
il est presque sec ; on rapproche alors les plantes à 0^m,08 environ les unes des autres, afin de diminuer la masse d'air
qui est interposée entre elles, et que, par ce moyen, elles
ne perdent pas leur souplesse. Si l'on a fait la récolte par un
temps humide, le tabac met moitié plus de temps pour arriver
à l'état indiqué ci-dessus.

Le tabac placé au bas du séchoir, sèche moins bien que celui
qui se trouve à la partie supérieure, sous les combles, et quelquefois il se couvre d'une légère couche de moisissure blanche,
qu'il faut se hâter de combattre. On y parvient en changeant
immédiatement ce tabac de place et en le suspendant dans la
partie supérieure du séchoir.

La manière dont la dessiccation du tabac est conduite dans le
séchoir, influe beaucoup sur sa qualité, et l'on ne saurait y
porter trop d'attention. Il ne faut pas que cette dessiccation soit
trop rapide, ni que le tabac reçoive directement le vent et le
soleil, parce qu'alors les feuilles se racornissent, deviennent épaisses et raides.

Lorsque les feuilles de tabac ont pris une teinte uniforme
brun clair, et que les tiges sont aux trois quarts sèches, il
est temps de dépendre le tabac, de détacher les feuilles des
tiges, de les trier, de les assortir et de les emmanoquer.

Du triage et emmanoquage.— A mesure que l'on détache les feuilles des tiges, on en fait quatre divisions principales, d'après leur couleur :

1° Les feuilles marquées de taches blanches, qui sont les plus recherchées ;

2° Brunes claires ;

3° Brunes ;

4° Brunes foncées.

Chaque division déterminée par la couleur est ensuite répartie en quatre sous-divisions, par rapport à la dimension des feuilles :

1° Feuilles longues et larges ;

2° ———— larges ;

3° ———— moins larges ;

4° ———— passablement larges.

Les feuilles petites ou lacérées ne valent pas les frais de l'assortissage ; on les traite en bloc.

A mesure que le triage se fait, on met les feuilles en manoques.

Empilement du tabac pour le faire fermenter. — Tandis que l'emmanoquage se fait, on étend des nattes sur l'aire du séchoir. Sur ces nattes, on entasse les manoques de tabac, par masses de 3 mètres de longueur contenant 500 à 600 kilogr. environ. Le limbe des feuilles est placé en dedans du tas, et l'extrémité des pétioles en dehors.

Le tabac à feuilles épaisses peut être entassé en plus grande quantité que les feuilles minces et légères.

Au bout de quelques jours, la chaleur se développe dans l'intérieur des tas, on l'observe, et elle ne doit pas dépasser 80 à 90 degrés de Fahrenheit (27 à 30° centigrades).

Dès qu'elle a atteint cette élévation, on défait les tas en mettant les manoques du dessus dans l'intérieur, et celles de l'intérieur en dessus.

Après ce remaniement, on obtient, au bout d'une quinzaine de jours, la même température dans l'intérieur du tas, on recommence de nouveau, en changeant les manoques de place, et l'on continue jusqu'à ce qu'il ne se produise plus de chaleur au milieu des tas; mais, à mesure que le tabac devient moins fermentescible, on augmente le volume des tas, afin qu'il ne se dépêche pas trop et qu'il y ait le moins de surface possible exposée à l'air, ce qui fait foncer la couleur du tabac. On obvie à ce dernier inconvénient, lorsque le tabac ne fermente plus, en le couvrant avec des nattes.

Il est indispensable que la fermentation soit complète et uniforme pour toutes les manoques, parce que, autrement, après avoir été emballé et pressé, la fermentation s'établirait au milieu des balles, et la conservation du tabac serait gravement compromise pendant le voyage. D'un autre côté, il ne faut pas que la fermentation soit outrée, en laissant trop se développer la chaleur dans l'intérieur des tas, car le tabac perdrait sa couleur, son goût, son arome, enfin toutes ses qualités. La conduite de la fermentation exige, par conséquent, une très-grande attention.

De l'emballage du tabac. — On place les manoques dans une forme à panneaux mobiles, de 1 mètre de longueur, 1 mètre de hauteur et 0ᵐ,66 de largeur. Sur cette forme doit agir une presse.

On place les manoques par lits dans la forme, mais on les croise, de façon que les poignées des manoques d'un lit correspondent aux pointes des feuilles de l'autre lit. La pression exercée sur le tabac doit être modérée, afin de ne pas briser les feuilles dans l'intérieur, car ce serait leur retirer une grande valeur. On a vu, dans le cours des opérations, que tous les soins étaient apportés à les conserver intactes dans leur forme. Ces balles sont enveloppées d'une toile cousue solidement, et l'on affermit encore la balle, au moyen d'une corde passée en croix autour. Les ballots de tabac de Java pèsent, en moyenne, 75 kilogrammes.

HARDY,

Directeur du Jardin d'acclimatation d'Alger.

EXTRAIT D'UN RAPPORT

Adressé à l'Administration par M. Huard-Lanoiraix, à son retour de l'île de Cuba où il avait été envoyé pour y étudier la culture et la préparation du tabac.

TERRES A TABAC.

Dans l'opinion générale, la première classe des terrains propres à la plantation du tabac se compose de ceux qui ont un fond de terre végétale mêlée de sable très-fin et sont baignés par des rivières qui y déposent leurs détritus.

Ces terrains ont une telle homogénéité qu'à la profondeur d'un, deux, trois et jusqu'à huit mètres, on trouve la même espèce de terre qu'à la surface. Il en est beaucoup qui sont inondés, et ces inondations, loin de leur profiter, leur causent au contraire un préjudice; car elles entraînent, en les traversant, la terre végétale et les engrais naturels. Ces masses d'eau emportent quelquefois toute la superficie du sol, s'il est meuble, et y déposent des bancs de sable qui le rendent pour longtemps stérile.

Ces mêmes terrains sont encore menacés d'autres risques. On ne peut les planter dans les trois derniers mois de l'année, qui forment pourtant l'époque la plus favorable à la plantation, dans la crainte que les pluies, alors si abondantes, n'enlèvent le tabac ou ne le détruisent en le noyant. Quand, au contraire, arrive une grande sécheresse, on y voit se produire, plus que partout ailleurs, le ver appelé *cachazudo*, c'est-à-dire l'insecte le plus nuisible au tabac, le plus difficile à détruire.

Les terrains les plus estimés après ceux qui viennent d'être décrits sont ceux qui se composent, jusqu'à une grande profondeur, de terre végétale grenue et qui contiennent du sable. Les terres grasses et compactes sont aussi placées au même rang, en admettant toujours qu'elles soient situées au bord des rivières et se bonifient par les dépôts qu'y laissent les crues. Ces dernières n'ont pas de fond d'argile, et il faut se garder de les confondre avec d'autres qui leur ressemblent et où l'on rencontre l'argile à la profondeur de ving-cinq centimètres. Quand l'argile est près de la superficie, il arrive, malgré l'engrais, que si on plante de bonne heure, en octobre par exemple, où les pluies sont encore assez abondantes, le terrain ne peut absorber cet excès d'humidité, la couche végétale reste imprégnée d'eau et les plantes périssent; si le temps est sec, l'action de l'engrais est nulle et la plante périt également.

Les terres qui ont beaucoup de profondeur absorbent, par la filtration, une immense quantité d'eau durant la saison des pluies, qui commence, à Cuba, au mois de mai. Dans les temps secs, cette eau, par suite de l'action du soleil, remonte à la surface. La porosité de ces terres, qui rend la filtration facile, facilite également l'absorption; mais la grande profondeur n'est pas la seule qualité requise. Ainsi, dans les communes de San-Marcos, Alquirar, Puerta de La Guera, etc., où étaient jadis les belles plantations de cafiers·de Cuba, les terres rougeâtres sont très-profondes, elles absorbent aussi, et pourtant elles ne sont pas propres à la culture du tabac, car elles se composent d'une très-faible quantité de sable et de beaucoup d'argile et se durcissent lors de la sécheresse.

Il existe une autre zone où se trouvent les marais et où croissent les ytabas, espèce de mangles; nous ne nous en occuperons pas parce qu'elle ne convient pas au tabac. Cette plante y est grasse, de mauvaise saveur et d'aucun prix dans le commerce; mais nous signalerons celle que les planteurs appellent terre de ocujal. Ce nom lui vient d'un arbre qui semble s'y plaire, y est très-commun et que l'on nomme ocuje. Ces terres n'ont pas beaucoup de profondeur, car, à un mètre cinquante centimètres à peu près, on trouve une composition bigarrée de rouge et de blanc, très-compacte et qui empêche la filtration; elles sont cependant modérément chargées de sable, et le tabac qu'on y cultive est estimé dans le commerce.

La récolte y est sûre, mais il faut planter de bonne heure, parce que ce terrain éprouve plus tôt les effets de la sécheresse que les zônes dont nous avons déjà parlé.

On distingue encore deux autres espèces de terres : les terres très-lourdes et grasses et les terres légères ou maigres; les premières sont compactes et abondent en argile ou en limon; les secondes ne se composent que de sable.

Il paraît que la couleur de la terre n'influe nullement sur la qualité du tabac; la composition du terrain, sa situation topographique et le climat peuvent seuls expliquer la supériorité des tabacs récoltés dans certaines localités de l'île de **Cuba**.

Dans tous ces différents terrains, le tabac, à circonstances atmosphériques égales, se coupe après trois mois dans les terres maigres, et après cinq ou six mois dans les terres grasses; la qualité et la couleur de la feuille varient aussi suivant le terrain. Le sol maigre fournit un produit plus mince, de couleur jaunâtre et de peu de valeur, à nervures déliées, et donnant à peine ce que l'on appelle *la livre*, tandis que la couleur devient plus foncée et la bonté augmente en proportion dans les terres plus riches; ces règles sont cependant modifiées par les eaux, la sécheresse et la température; elles le sont surtout par les engrais qui modifient la qualité de la terre, et par conséquent du produit.

Certains planteurs condamnent la coutume de brûler les débris amoncelés sur le sol, dans le but de le nettoyer, de faciliter les travaux et de détruire les insectes qui s'y abritent ou y prennent naissance. Ils prétendent que les terres ainsi traitées se calcinent et perdent leurs sucs nutritifs, sans que ce préjudice trouve sa compensation dans les cendres, que le vent et l'eau enlèvent le plus souvent. Ils sont en conséquence d'avis qu'on doit enlever à bras tout ce qui peut porter obstacle à la plantation et le déposer dans des trous faits exprès ou dans quelque endroit où ils se décomposent et forment un engrais pour les terrains épuisés.

Malgré cette opinion, nous nous hasarderons à faire une exception en faveur des terrains où l'humidité est grande et qui, dans leurs éléments constitutifs, manquent du principe calcaire. La combustion même, les cendres et le charbon végétal, peuvent améliorer extraordinairement ces terrains. Nous en avons fait nous-même l'observation pratique dans un bas-fond où existaient des fours à charbon, et bien que ce terrain ne fut pas très-propre à la plantation du tabac, on en a récolté de très-bonne qualité et nous avons même remarqué une notable différence dans la beauté des feuilles coupées sur les points où les fours à charbon avaient été établis.

Nous ne prétendons nullement appliquer ce principe à toutes les localités. Notre but est de démontrer que, pour préparer la terre destinée à la culture du tabac ou des autres plantes, pour l'améliorer, pour augmenter ses propriétés végétatives, il est nécessaire de se livrer préalablement à une étude approfondie de la nature du sol et de sa composition géologique.

Les planteurs routiniers n'ont jamais pu se convaincre de ces principes, pas plus que des avantages que présentent, pour les plantations de tous genres, les engrais et les irrigations.

SEMIS ORDINAIRES.

La graine de tabac met sept à huit jours pour germer dans une terre préparée. Si cette terre se couvre d'une herbe quelconque, les germes sont étouffés ; aussi est-il nécessaire de faire les semis dans une terre vierge de toute autre semence, afin que si les vents et les pluies en apportent, celles du tabac aient déjà levé. Par ce moyen, ces mêmes germes sont facilement épargnés quand on vient à sarcler et nettoyer le sol des herbes qui, malgré cette précaution, ne manquent pas de pousser. Les bois sont choisis de préférence pour les semis. Ils réunissent, en effet, les conditions essentielles pour produire les meilleurs plants de tabac, parce que leur ombre permanente et l'humus dont le sol est couvert par la chute constante des feuilles s'opposent à ce que les herbes poussent facilement ; mais tous les bois ne sont pas également propres aux semis : il faut, autant que possible, que la terre que l'on ensemence ait de l'homogénéité avec celle que l'on doit planter, car les plants qui prennent naissance dans des terres maigres et sont ensuite transplantés dans des terres grasses, ne prennent pas ou végètent avec difficulté ; cela s'explique parce que leurs racines ayant poussé facilement dès le principe à cause de la légèreté de la terre, manquent de vigueur pour pénétrer et s'étendre dans un sol plus lourd et plus compact. Il arrive cependant que le semis fait en terres mêlées ou en terres compactes peut être transplanté dans un sol tout différent; seulement, ceux qui travaillent des terres légères font une économie de temps en semant des terrains de même nature, parce qu'ils obtiennent des plants au bout de quarante jours, tandis que, dans les autres, ces mêmes plants en exigent cinquante ou soixante pour être à point.

Une autre condition est la configuration du terrain destiné au semis; s'il réclame une suffisante humidité, il ne faut pas cependant que l'eau y séjourne et fasse des flaques à la superficie; on choisit, en conséquence, des terrains légèrement inclinés pour les semis hâtifs, afin qu'ils puissent résister aux pluies abondantes, et les terrains plats pour les semis tardifs parce que l'eau, s'y répandant uniformément, ils conservent mieux l'humidité sans que cette eau y séjourne.

Le terrain une fois choisi, on abat les arbres dont il est couvert, on les ébranche, on entasse les plus gros morceaux. Un mois paraît être suffisant pour laisser sécher le feuillage et les petits rameaux; il ne conviendrait pas de prolonger ces travaux, parce que la terre pourrait se couvrir de quelque végétation. Après avoir débité les grosses branches que l'on utilise, soit pour clore le terrain de manière à le protéger contre les animaux, soit pour les mettre à part et les empiler pour en faire du bois à brûler ou du charbon, on réunit en tas les morceaux et les racines qui restent à fleur de terre et on y met le feu. Lorsque toute végétation a disparu, et que la terre est nette, on la fouille en totalité à la houe superficiellement, c'est-à-dire à une profondeur de trois ou quatre pouces; on a soin de remplir les trous et les cavités de manière à ce que le terrain forme une surface plane, sans inégalités, sans autres obstacles que les troncs d'arbres et les morceaux de bois très-forts qu'il importe peu et qu'il ne serait pas facile d'enlever et de mettre à l'écart. La terre ainsi préparée, on nettoye à bras, si on n'a pu le faire par le moyen du feu, on y jette la graine en ayant soin qu'elle soit répandue également et clair-semée. A cet effet, quelques planteurs mêlent avec de la terre, de la cendre ou du sable sec, la graine qu'ils y jettent ainsi à poignée. Ils se réservent, dès que le semis sort de terre, de répéter l'opération partout où la graine est semée trop claire, ou seulement dans les endroits où, par quelque accident, la pousse n'aurait pas eu lieu.

Dans la majeure partie des semis, on ne fait pas d'autre préparation ; mais nous avons remarqué que la graine, qui est extrêmement fine, reste à la surface du sol ; là, elle est quelquefois mangée par les oiseaux ou les fourmis ; d'autres fois, une forte averse, avant qu'elle n'ait germé, l'entraîne, la disperse ou la dépose et l'amoncelle dans les endroits où l'eau forme des flaques. Il en résulte que les premières racines qui sortent du mois de juillet au mois d'octobre, époque des semis et pendant laquelle le soleil a tant de force, sont brûlées et disparaissent au moment où elles prennent naissance. Ces inconvénients ne peuvent être complétement évités ; mais il est possible de les diminuer en passant doucement, dans un sens et dans l'autre, sur le semis, des balais de palmier ou de quelque autre feuille épaisse, de manière que, sans cesser d'être également répartie, la graine est roulée et se mêle avec la terre. On atténue par ce moyen le dommage occasionné par les oiseaux et les courants d'eau, et si la pousse est retardée, d'un autre côté, la plante résiste à l'action violente du soleil qui ne la mange pas, comme disent communément les planteurs espagnols.

Les pluies modérées et fines, les nuits fraîches et les rosées abondantes sont favorables aux semis ; tandis que les forts grains accompagnés de vent resserrent la terre, retardent la végétation, tourmentent et font souffrir la plante d'ailleurs si délicate. Un soleil continuel, s'il ne la mange on ne la sèche point, en retarde la végétation, et ce qui est pis encore, donne naissance au ver cachazudo qui détruit en peu de temps les soins et les travaux de bien des jours et enlève l'espoir de faire les plantations à l'époque voulue. Pour éviter ce double malheur, on abrite la plante avec des feuilles ou des pailles et on l'arrose; quelques planteurs pensent que cet arrosage n'est pas aussi profitable que l'arrosage naturel, parce qu'il durcit la terre et que, par suite, la plante souffre et ne croît pas. Pour qu'il soit utile, il faut se servir d'arrosoirs pourvus de trous très-petits, afin que l'eau ne tombe pas à flots, mais sous la forme d'une pluie fine.

Les terres qui contiennent du gravier sont, plus que les autres, après les temps de pluies, susceptibles d'engendrer la maladie dite *bubas*. On appelle ainsi de petites pelotes tuberculeuses qui naissent entre les racines et rendent la plante impropre à la plantation; l'abondance des pluies pourrit les plants ou les rend malades dans la partie de la tige qui touche immédiatement à la racine. Cette partie perd la cuticule verte et velue qui annonce la santé et prend une couleur violette ou pourpre, qui est un signe de maladie.

Quand la pourriture tombe sur un semis, il faut arracher et mettre en bottes tout ce qui est attaqué, parce que la maladie se communique par le contact et qu'elle engendre ordinairement des vers. C'est une des raisons pour lesquelles il convient de semer clair; on le fait aussi dans le but d'obtenir des plants robustes et *créoles*. On donne ce nom à ceux qui ayant à peine de la tige sont déjà couverts de feuilles. Les maladies de la tige ainsi que le *bubas* sont sans remède; les plants qui en sont atteints sont perdus : il arrive quelquefois que, dans un semis, il y a des plants sains et des plants malades; il faut avoir soin de les choisir, afin de n'en transplanter aucun qui ne soit parfaitement sain.

Pour arrêter le mal que fait le cachazudo, on emploie divers moyens : les uns ouvrent des tranchées perpendiculaires d'un demi-mètre de profondeur entre les points où se montre le ver et ceux qui ne sont pas envahis, afin que, tombant dans ces tranchées, il ne porte pas plus loin ses dévastations.

En effet, ce reptile destructeur vit à fleur de terre ou sous la couche superficielle; il sort seulement la nuit pour dévorer le tabac et reste caché pendant le jour. Il mange avec une telle voracité qu'en très-peu de nuits, il fait disparaître un semis tout entier, quelque étendu qu'il soit, laissant le terrain aussi net que s'il n'eût jamais été semé. Le remède des tranchées réussit rarement, à moins que le hasard n'amène quelque forte et abondante averse qui noie le ver, ou qui, durcissant la terre, le réduit à périr, parce qu'il n'a plus la force de la rompre. Il se multiplie par l'effet de la chaleur et apparaît presque simultanément dans divers points du semis dont on parvient difficilement à sauver quelques parties. Pour le détruire, quelques personnes sèment de la chaux, d'autres sacrifient la partie du semis où le ver commence à se montrer en la brûlant avec de l'eau chaude; d'autres écrasent avec des dames et la plante et le ver. On dit qu'une forte décoction de piments bouillis, dont on arrose les plants quand elle est refroidie, ne leur fait pas de tort et tue le *cachazudo ;* qu'on le détruit également en répandant, pendant la nuit, des poux de bois dans les endroits où il mange : ce dernier remède ne serait pas coûteux dans notre pays où le pou de bois abonde dans les champs. En somme, on ne connaît aucun moyen de destruction certain contre ce fléau.

Le cachazudo n'est pas le seul ver qui nuise aux semis de tabac; ils sont exposés à tous ceux qui attaquent les autres plantes. Le *cogollero*, le *primavera*, le *rosquilla*, le *mantequilla*, sans compter le *limaçon*, le *grillon* et l'*aljorra* (1), mangent aussi la feuille de tabac.

---

(1) Le *limas*, le *grillon* et l'*aljorra*, ainsi que la grosse fourmi noire, sont bien connus. Le *mantequilla* est un ver noirâtre, très-doux au toucher, paresseux dans ses mouvements; il acquiert la longueur d'un pouce ou un peu plus ; il a l'habitude de manger les feuilles tombées ou celles qui touchent au sol. Il se réfugie au pied de la tige où on le rencontre habituellement.

Le *rosquilla* se distingue du précédent en ce qu'on le trouve roulé, lové. Il est d'une nuance obscure, avec de petits cercles blancs et symétriques. Il est, pour tout le reste, semblable au mantequilla.

Le *cachajudo* est de couleur cendre, lent dans ses mouvements; il se développe un peu plus que les deux précédents. Il prend naissance au pied de la plante. Quand celle-ci est tendre, il dévore les tiges et les

Dans une partie de l'île de Cuba, certains planteurs font leurs premières semailles dans le mois de juillet, mais elles réussissent rarement, bien que l'on sème sur le sommet des sillons, car les terres étant presque toujours couvertes d'eau, les racines se pourrissent et l'on n'obtient que très-peu de plants. Les premières semailles ont lieu d'ordinaire à la Sainte-Rose, le 30 août; les secondes. à la *Nativité*, ou 8 septembre; les troisièmes, à la *Saint-Mathieu*, ou 21 du même mois, et les quatrièmes, à la *Saint-François*, ou 4 octobre, et on les distingue par ces différents noms. Les plants sont bons, dès-lors, à être transplantés vers le *commencement d'octobre*, époque où les forts vents et les pluies ne sont plus à craindre. On s'empresse à la transplantation, afin d'avoir fini le jour de *la Conception*, le 8 décembre, *ou avant Noël*, et si, par suite d'empêchements, on n'a pu la terminer, on la prolonge jusqu'en *mars ou avril*.

On distingue ces plantations les unes des autres par les noms de *hâtives* et de *tardives;* chacun fait tous ses efforts pour obtenir les premières, parce qu'elles sont, sous tous les rapports, plus utiles et plus avantageuses.

Nous avons dit que les graines germaient sept ou huit jours

---

feuilles; quand elle est devenue plus dure, il coupe les nervures les plus grosses des feuilles et s'y attache jusqu'à ce qu'il les ait réduites en petites baguettes et pour ainsi dire rabottées.

Le *cogollero* naît, grandit et habite toujours sur le tabac qu'il mange dès qu'il est à l'état de plant; il attaque surtout le bourgeon et les premières feuilles, parce que ces parties sont plus tendres. On lui fait la guerre dès qu'il est assez gros pour être vu; il acquiert la longueur d'un peu plus d'un pouce et ne devient pas aussi gros que les autres. Sa couleur est celle du tabac dont il se nourrit. Aux heures où le soleil est plus ardent, il se cache entre les feuilles ou au-dessous d'elles.

Le *primavera* naît et croît comme le *cogollero* sur le tabac, mais préfère les feuilles déjà faites, bien qu'il s'accommode de toutes; il ne cesse jamais de manger et grossit d'une manière prodigieuse; on en trouve qui ont jusqu'à six pouces de long et sont plus gros que le doigt; il est de couleur verte avec des cercles et des tâches qui le rendent beau à la vue, mais ne l'empêchent pas d'être fort nuisible.

après qu'elles avaient été plantées, quand la terre est humide ; quelques-uns attendent que la terre soit humide pour semer, d'autres le font bien qu'elle soit en poussière. Il vaut toujours mieux que la terre soit en grains que compacte et qu'elle ne soit pas trop mouillée, afin que la graine y pénètre et s'y mêle facilement.

Lorsque le plant à la circonférence d'une pièce d'un franc à peu près, c'est le moment de donner le premier sarclage. Cette opération se fait dans les matinées, de bonne heure, quand la terre est humide, ce qui facilite l'arrachement des herbes. On s'aide pour cela d'un couteau ou d'un morceau de fer ; on met les herbes arrachées dans des paniers, afin de les transporter hors du semis. Quelques semis ont besoin de deux sarclages, d'autres n'en demandent aucun, selon que les herbes qui s'y trouvent sont en plus ou moins grande quantité.

On doit avoir soin d'arracher les plants, soit de grand matin, avant l'ardeur du soleil, soit au clair de lune, quand il y en a, soit même pendant le jour, si le temps est humide, nuageux ou brumeux. Il faut d'abord enlever les plants les plus avancés, afin d'égaliser le semis, mais on doit y mettre beaucoup de soin, surtout quand la terre a peu d'humidité. Il est alors indispensable d'arroser préalablement. Dans d'autres occasions, le semis devenant trop touffu, il est nécessaire de diminuer son épaisseur par l'extraction de quelques plants. Ces jeunes pousses sont si délicates qu'elles se ressentent du moindre défaut d'attention et en sont malades. Ceux qui font cette opération doivent avoir assez de tact et de pratique pour en tirer tout le fruit qu'elle peut donner.

Le temps frais et humide est favorable aux semis ainsi que les vents doux du nord, car ils activent la végétation. Les plants doivent être arrachés quand ils sont *faits,* et cela se reconnaît à la tige, quand elle commence à acquérir de la flexibilité et de la consistance, et qu'elle ne se brise pas lorsqu'on la plie en deux ; leur couleur moins transparente indique que leurs fibres ont la vigueur de supporter la transplantation ; leur trop grande transparence fait connaître, au contraire, qu'elles sont laiteuses et pas encore à point.

Les racines des plants varient suivant les semis, car, pour l'ordinaire, celles d'un même semis sont semblables : les unes sont pivotantes avec ou sans radicules ténues; les autres ont une grande quantité de ces dernières qui forment une espèce de petit balai; enfin, d'autres sont pivotantes et ont en outre le balai; ce sont ces dernières qui prennent le mieux.

Le plant très-tendre résiste peu à l'action du soleil et des eaux, et, plus la terre est grasse, plus elle demande des plants forts et faits. Le plant qui a crû outre mesure par suite de la trop grande fertilité de la terre, n'est pas bon à transplanter; il en est de même de celui dont la tige s'est durcie en prenant une consistance ligneuse et a perdu sa cuticule et son velouté. Ces derniers sont ceux qu'on appelle passés.

Les plants s'arrachent perpendiculairement, un à un, en les prenant à la partie qui touche au col de la racine, pour qu'ils ne s'étêtent point, ou en paquets, feuilles contre feuilles et racines contre racines; on les place ainsi dans des paniers ou des peaux de palmistes que l'on recouvre avec des feuilles ou des ramées. On les porte sur la tête, à cheval ou en charrette jusqu'au lieu de la plantation, en veillant à ce qu'ils ne soient pas maltraités ni ne perdent de leur fraîcheur, et surtout à ce que la racine ne souffre pas.

Les plants peuvent se conserver deux ou trois jours sans être plantés, en mouillant légèrement leurs racines et en les étendant la nuit à la rosée; il vaut toujours mieux se hâter de les mettre en terre.

SEMIS ARTIFICIELS.

Tous les jours, à Cuba, les terrains propres aux semis deviennent de plus en plus rares, les distances augmentent, les bras se trouvent avec de plus de difficulté et les frais de transport sont plus coûteux. Les planteurs ont donc senti la nécessité de changer de système, et voici, en résumé, ce qu'ils font habituellement.

Ils prennent sur la propriété même un terrain inculte depuis

PLAN

du Semis artificiel

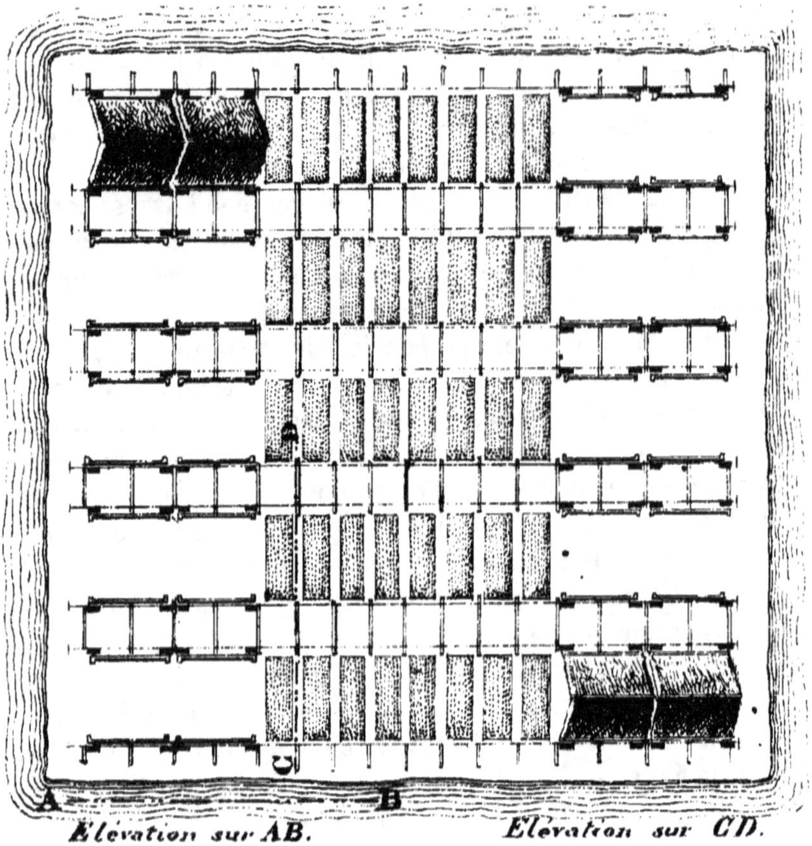

Élévation sur AB.

Élévation sur CD.

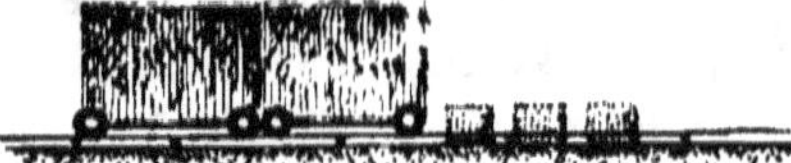

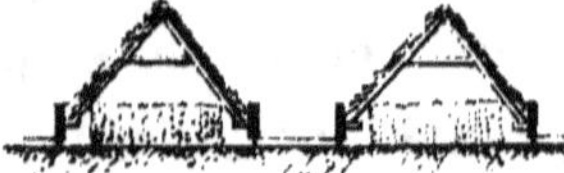

longtemps et couvert d'herbes; ils sarclent ce terrain et le labourent plusieurs fois; mais comme il peut s'être appauvri et ne donnerait que des plants chétifs, ils emploient un engrais qu'ils composent d'herbes et de feuilles déposées dans un lieu convenable. Ils ont la précaution de ne prendre que la partie intérieure de ce dépôt, parce que les graines d'herbes n'ont pu y pénétrer, et mêlent superficiellement cet engrais avec la terre. Les planteurs ont compris que c'était plus facile et plus sûr que d'aller chercher sur les terres d'autrui un site montueux, de le nettoyer, d'abattre les arbres, de brûler les troncs et de le labourer; ils y trouvent encore un avantage, celui d'avoir les plants sous la main, de les mieux surveiller, de les mieux soigner, de les arroser dans les grandes sécheresses.

Après avoir pris les plants dont ils ont besoin, les planteurs n'abandonnent pas le terrain qui les leur a fournis; ils le sarclent et le labourent, le recouvrent de paille, d'herbes de guinée ou d'autres végétaux secs qui, en mitigeant l'action du soleil, conservent l'humidité et les vertus de la terre, l'améliorent et empêchent que des plantes ou des herbes étrangères y viennent germer.

Dans la commune de Consolation du sud (district de Palanque), nous avons remarqué un mode de semis artificiel dont les résultats ont été toujours si avantageux que nous croyons nécessaire d'en faire la description et d'en conseiller l'emploi à nos planteurs de la Guadeloupe.

Le terrain forme un carré ayant trente-cinq mètres de côté. Il est légèrement incliné de l'est à l'ouest et entouré d'un fossé destiné à recevoir les eaux pluviales qui pourraient nuire aux plants et y mêler des germes étrangers. (Voir la planche.)

Ce carré est traversé dans la direction du nord au sud par dix rails parallèles formant six chemins de deux mètres de large chacun. Ces chemins sont eux-mêmes à cinq mètres de distance les uns des autres. Dans les quinze mètres et demi du centre de l'intervalle qui les sépare existent huit plate-bandes de quatre mètres de long sur un mètre et demi de large et chaque plate-bande est entourée d'un petit passage d'un demi-mètre de largeur.

Le terrain contient donc quarante plates-bandes formant ensemble une superficie de deux-cent-quarante mètres destinée à recevoir la semence. Sur chaque ligne de plates-bandes existent deux toits de paille qui se meuvent en sens inverse à l'aide de roulettes montées sur un châssis.

Les plates-bandes ne doivent pas être ensemencées toutes à la fois, ainsi :

Le 1ᵉʳ août, une ligne de huit plates-bandes donnera.................................... 100,000 plants.

Le 15 août, une *idem*.................... 100,000

30 août, une *idem*...... ·............ 100,000

8 septembre, une *idem*................ 100,000

15 septembre, une *idem*.............. 100,000

Ainsi, quarante plate-bandes donneront... 500,000 plants.

La première ligne sera bonne a être transplantée dès la fin de septembre et la dernière, dans le milieu de novembre.

On peut semer de nouveau à mesure qu'on enlève les plants, après avoir eu soin, toutefois, de préparer et d'enfumer le terrain.

Par ce moyen, on aura toujours des plants depuis la fin de septembre jusqu'à la fin de janvier; on en obtiendra toujours 100,000 environ par ligne, tous les huit ou dix jours, ce qui suffira à tout planteur, puisque, durant les quatre mois d'ensemencement, on aura obtenu plus d'un million de plants.

Après la récolte, on démonte tout l'appareil et on le met à l'abri jusqu'à la prochaine saison; on fume et on recouvre la terre, ainsi que nous l'avons dit plus haut, afin de l'avoir toute préparée pour l'année suivante.

Pour évaluer la quantité de plants que devra contenir chaque plate-bande, on se basera sur ce que la distance la plus convenable à observer entre eux est de 3/4 de pouce, ce qui donne 2,500 plants par mètre carré et 13,800 par plate-bande.

Quatre millions de graines de tabac ne pèsent pas une livre, ce qui laisse à penser qu'il y en a fort peu de saines, et comme il est difficile de les bien éparpiller, on a soin de les mêler avec d'autres graines mortes ou bouillies qu'on fait sécher au soleil.

PRÉPARATION DES TERRES ET ENGRAIS.

Comme ce point est fort intéressant et d'une très-grande utilité pour nos planteurs, nous les engageons à relire avec soin les chapitres 2 et 3 de l'important manuel de Don Jose-Maria Dau, dont M. P.-J-A. Féreire de Saint-Antonin, vérificateur des poids et mesures à la Guadeloupe, a donné une traduction complète, laquelle a été insérée dans la *Gazette officielle* du 17 mai 1859.

Nous ne ferons donc que rapporter sommairement le mode de préparation des terres et l'emploi d'un nouvel engrais qui a donné de bons résultats.

Un peu avant les premières semailles, on commence à préparer les terres suivant l'ordre dans lequel elles doivent être plantées. On leur donne trois ou quatre labours croisés, afin que les herbes et les racines soient bien arrachées, qu'elles puissent se pourrir avec les pluies et servir d'engrais, puis on y passe le rouleau (1) dans le double but d'écraser les mottes

---

(1) Le rouleau dont on se sert à la Vuelta de Abajo est fait d'un tronc du palmier le plus dur, sans inégalité et de 3 ou 4 mètres de long. On attelle à chaque extrémité deux bœufs qui sont guidés par deux hommes assis sur le rouleau même ou à pied. Quelques planteurs en ont fabriqué de moins grossiers et qui sont plus faciles à manier; ils sont faits de bois de chicharon dont le tronc est plus gros que celui du palmier, ont environ deux mètres de long et sont cerclés en fer à chacune des extrémités où se trouve placé un pivot de même métal et imitant l'essieu d'une voiture. Un anneau, aussi en fer fort et large est maintenu autour de ce pivot par de petites chevilles. A cet anneau, dans lequel tourne le rouleau, sont fixées deux chaînes qui se réunissent à une certaine distance et s'attachent ensuite à l'agrafe du joug d'une paire de bœufs. Ce rouleau occupant moins de terrain, son mouvement est plus facile et plus rapide. De sorte que, dans un temps donné, il fait le même service que l'autre, en épargnant un homme et une paire de bœufs.

de terre et de tuer les limaçons et les sauterelles qui s'y trouvent. Les terres friables sont ordinairement bien préparées après quatre ou cinq labours, s'ils ont été bien faits, et lorsqu'on y a passé une fois le rouleau ; quant aux autres terres, les planteurs les labourent et y passent le rouleau autant de fois que cela est nécessaire.

Mais, en général, ils ne se servent que de très-petites charrues qui ne font qu'effleurer la surface du sol. Dans leur opinion, le tabac serait de mauvaise qualité si la terre était profondément labourée.

Lorsqu'il se rencontre des mottes de terre tellement dures qu'elles résistent à l'action du rouleau, elles s'écrasent avec la houe.

Les engrais se mêlent à la terre au moyen de la houe et bien que ce soit en apparence un travail très-long, dans certaines circonstances, il est plus prompt et mieux fait que s'il avait lieu au moyen de la charrue et du rouleau.

Avec la charrue ou la houe, on rend friables les terres très-compactes, en y mêlant du sable fin que l'on trouve dans les rivières.

Le labour qui précède la plantation a lieu, si la terre est très-humide, un jour à l'avance afin qu'elle puisse se sécher, devienne grenue et que, pressée dans la main, ses parties aient entre elles très-peu d'adhérence. C'est en cet état qu'elle est propre à recevoir le plant. Si, malgré cette précaution, la terre est encore humide, le planteur y fait de petits sillons peu profonds, le matin même du jour où il doit planter. Si l'humidité est par trop grande et que l'on veuille profiter des plants avant qu'ils ne se perdent, on fait des sillons plus profonds et l'on plante sur leur sommet. Il est vrai que de telles plantations réussissent rarement. Les terres pourrissent les racines des plants en les serrant tellement qu'elles ne peuvent pénétrer et quand ces terres viennent à se sécher, elles restent agglomérées et ne produisent qu'un plant chétif.

Dans la préparation des terres, sont compris les engrais qui pour aucune culture ne sont plus importants que pour le tabac.

Une terre de bonne qualité, une fois défrichée, se conserve de six à huit années en bon état de production, si elle n'est pas lavée par les grandes averses qui lui enlèvent, quand elle est en pente, toute sa crème végétale. Les propriétés que fertilise l'invasion des rivières n'ont pas besoin d'engrais et en reçoivent plus qu'elles n'en ont besoin. Quant aux autres terrains, il convient de les fertiliser par des engrais qui réparent le dommage qu'ont pu leur occasionner une végétation forcée et les pluies abondantes.

Les planteurs fument ces terrains de deux manières, soit en répandant à leur surface diverses matières végétales qui s'y décomposent et sont, au moment voulu, retournées au moyen de la charrue, soit en retirant ces mêmes matières déjà décomposées des trous ou d'autres lieux destinés à les recevoir, pour ensuite les mêler avec la terre qu'on veut planter.

Le premier mode est employé dans les localités qui ne sont pas exposées à l'envahissement des rivières, le second, dans les autres terrains après qu'ils ont reçu le troisième labour et qu'ils sont prêts à être plantés. Toutes les déjections et ordures provenant des cases sont utilisées pour faire du fumier. On emploie aussi la paille de canne, l'herbe de savane qui, le plus souvent, se brûle ou se perd; mais pour qu'un engrais ait une action fécondante, il faut qu'il soit réduit à l'état de terreau, quand on fait la plantation, car, si sa décomposition s'opère après cette époque, il brûle la plante, d'où il suit que ce qui devait la fortifier devient une cause de destruction.

EMPLOI DU GUANO.

Comme le fumier végétal, qui paraît être le meilleur pour le tabac, a toujours été difficile à obtenir, les planteurs ont essayé récemment le guano péruvien, et les résultats obtenus ont été des plus satisfaisants. Grâce à cet engrais, le fumage des champs de tabac ne présente plus aucune difficulté. Le véritable guano péruvien jusqu'à ce moment s'est importé de New-York. Il y a d'autres espèces de guano qui viennent du Chili et de l'Afrique, mais ces derniers n'ont aucun mérite. Nous donnons cet avis, afin que les planteurs de la Guadeloupe ne se laissent pas tromper.

Avant d'user de ce guano, il est nécessaire de le bluter, puis on le mêle à une quantité trois ou quatre fois plus grande de sable fin. Ce mélange doit être fait avec soin et n'être employé que huit ou dix jours après. Le guano doit toujours se préparer à l'abri d'un toit, afin qu'il ne se mouille pas. Il faut aussi le bien recouvrir, soit avec des sacs vides, soit avec des feuilles de bananiers ou autres pour empêcher l'évaporation. Il faut aussi préparer le guano par petites quantités. Un sac pèse 25 livres à peu près.

Dans une terre de bonne qualité et qui n'a besoin d'engrais que parce qu'elle est tant soit peu fatiguée, les planteurs n'emploient qu'une livre de guano pour neuf à douze mètres de superficie; cela suffit pour la première année; pour les suivantes, il ne faut que les deux tiers; mais lorsque dans le même champ, l'on sème du maïs et du tabac, on augmente d'un quart environ.

Le guano n'est employé que peu de temps avant de planter; le terrain étant bien labouré et aplani, on l'y répand dans les proportions ci-dessus indiquées; on y fait passer la charrue en tous sens; puis, on le sillonne et on le plante. Cette manière de se servir du guano est celle qui a donné toujours les meilleurs résultats.

Les sillons ont un peu moins d'un mètre de distance entre eux. On les plante à mesure qu'on les fait.

On choisit pour cela les temps couverts, et même on ne commence qu'après trois heures de l'après-midi, afin d'éviter que les plants ne soient brûlés par le soleil; des travailleurs les portent et les déposent dans l'endroit même où ils doivent être mis en terre, en ayant soin que les racines ne conservent point de terre sèche venant du semis et ne perdent pas de leur humidité par l'action du soleil ou du vent; ils rejettent les plants malades et étêtés.

On plante à une distance de trente-deux centimètres; mais,

dans les terres maigres, où l'on ne peut pas récolter le tabac de qualité supérieure, mais seulement celui que l'on désigne sous le nom d'injurié bon, on réduit la distance des sillons jusqu'à un demi-mètre, et celle des plants à vingt-cinq centimètres, afin que le sol soit un peu plus ombragé.

D'ordinaire, le planteur s'attache à ce qu'en temps de pluie le sillon soit superficiel et peu profond, de vingt-cinq centimètres environ, mais assez ouvert; il gradue la charrue dans ce but et fixe dans l'intérieur du coin un morceau d'écorce de palmiste et de petites branches qui servent à bien répartir la terre.

On est d'avis de ne pas donner aux sillons la même direction que celle que suit le soleil, afin que celui-ci darde ses rayons pendant toute la durée du jour sur les plants encore jeunes et tendres. On recommande, en conséquence, de faire les sillons du nord au sud et de les planter sur le côté opposé au levant, afin que le soleil donne en plein sur les plants, le matin, et qu'ils aient de l'ombre dans l'après-midi. On a encore d'autres avantages à planter sur le côté du sillon : c'est que la terre y est plus friable et plus fertile et que les racines n'y sont pas submergées en cas de grandes pluies ou d'inondations.

Quand on plante dans une saison sèche, on fait des sillons plus creux, et l'on place le plant dans le fond.

On croit, en général, obtenir tous les avantages en plaçant les sillons dans la direction du nord au sud et on l'établit comme règle invariable à suivre.

Cette disposition peut être utile, mais à notre avis, on n'y trouve pas grand avantage : 1° parce que l'ombre que peuvent donner les sommets des sillons aux plants placés dans leur creux est limitée aux heures où les rayons solaires sont obliques, et 2° parce que ces sillons, même sans forte pluie, s'aplatissant promptement surtout dans les terres légères et sablonneuses et laissant le plant complétement à découvert, la direction importe peu, car les plants seront de tous les côtés exposés à l'action du soleil.

MODE DE PLANTATION.

Celui qui porte les plants sur le terrain marche sur le sommet du sillon et les dépose à la distance voulue; celui qui plante marche au fond du sillon, prend le plant de la main gauche et fait pénétrer diagonalement la main droite dans la terre, en l'élevant assez pour que derrière le revers de la main, le plant puisse être introduit dans la cavité; il a grand soin que la tige et la racine ne soient pas ployées, que cette dernière soit complétement couverte de terre; si la tige est quelque peu longue, elle doit aussi être couverte dans l'étendue d'un tiers, mais si elle est courte, on l'enterre jusqu'aux feuilles.

La cavité doit être faite plus ou moins profonde d'après la taille du plant et le degré d'humidité de la terre. Si la terre est très-humide, la cavité doit être moins grande, et dans ce cas, il suffit de laisser tomber la terre soulevée par la main. Quand il y a peu d'humidité, il faut presser légèrement la terre autour du plant.

En résumé, la situation, l'état, la qualité du sol, doivent déterminer la largeur et la profondeur du sillon, faire choisir entre le côté ou le fond de celui-ci, enterrer plus ou moins le plant, selon sa dimension et presser ou non la terre autour du plant.

QUANTITÉ QU'UN HOMME PEUT PLANTER DANS UNE APRÈS-MIDI.

Un homme agile, intelligent et laborieux peut planter de deux heures de l'après-midi jusqu'à la tombée du jour de mille à quinze cents plants; mais celui qui travaille lentement en plante difficilement mille. Ce chiffre est celui qui doit servir de base pour régler l'étendue de terre à préparer et le nombre des plants à arracher du semis.

Il faut aussi, quand la saison n'est pas humide, avoir sous la main de l'eau pour humecter les racines des plants. Si la terre est sèche et en poussière, après avoir enterré chaque plant, on l'arrose avec une quantité d'eau suffisante pour pénétrer jusqu'à la racine, en ayant soin, toutefois, qu'elle ne tombe pas sur le sommet de la plante, parce que d'habitude elle lui est préjudiciable.

Le plus grand désir du planteur est de réussir dans cette première opération, car, ce résultat une fois obtenu, il n'est pas de plante qui résiste mieux à la sécheresse et attende plus patiemment la pluie. Souvent même, elle paraît l'annoncer en relevant ses feuilles.

Une observation qui n'est pas sans importance, c'est que, dans les jours frais ou couverts, on peut planter à toutes les heures et profiter ainsi de la bonne saison et de l'abondance des plants, car le sort d'une récolte peut dépendre d'un hasard heureux.

PLANTATION DANS DES TERRAINS NOUVELLEMENT DÉFRICHÉS.

Les planteurs n'emploient pas toujours les terres déjà travaillées ; très-fréquemment, ils se servent de terrains récemment défrichés et où abondent des souches d'arbres. Dans ce cas, ils prescrivent, après avoir nettoyé la terre et l'avoir débarrassée de toutes plantes, de faire avec la houe un grand nombre de trous à la distance déjà indiquée et de procéder immédiatement à la plantation ; ils ajoutent qu'ordinairement ce qu'il y a de plus convenable, c'est de planter ces terrains en temps opportun, ce qu'ils font en mettant dans les trous le plus petit nombre de graines possible. Quand dans ce plantage, les plants arrivent à l'état ou sont ordinairement ceux du semis, on laisse subsister le meilleur dans chaque trou, et l'on jette les autres ou on les transplante. Ce mode de plantation exige les mêmes soins que les autres et l'on y trouve l'avantage de faire plus tôt la récolte. Pourtant, il offre cet inconvénient que la première année, le tabac n'a pas aussi bon goût ni aussi belle couleur, et que les feuilles présentent quelque différence dans leur forme, en ce sens qu'elles sont plus pointues. Mais aussi, ces mêmes plantations produisent de grands bénéfices aux propriétaires, en leur donnant des plants qui sont employés pour d'autres terrains ou vendus à des tiers.

REPIQUAGE OU REMPLACEMENT DES PLANTS.

Dans toutes les plantations, il arrive qu'au bout de peu de jours, quelques plants périssent, soit parce qu'ils ont été transplantés malades du semis, soit parce qu'ils ont souffert de la transplantation. On remarque, cependant, que lorsque la transplantation a été faite par un temps humide, frais, brumeux et couvert, comme il l'est surtout dans certains jours de novembre et décembre, le plant ne perd pas les feuilles qu'il avait dans le semis; il ne se fane ni ne se penche; ce qui n'a pas lieu dans les temps ordinaires où il ne commence à se remettre qu'au bout de trois ou quatre jours.

Après six ou sept jours de transplantation, on reconnaît facilement les endroits où les plants n'ont pas pris. Il convient alors de remplacer ceux-ci sans retard par d'autres plants choisis qui atteignent bientôt en hauteur ceux qui les entourent, de manière à recevoir en même temps qu'eux les différents soins qu'exige la culture, car, s'il n'en était pas ainsi,.il y aurait perte de temps et perte dans la qualité et dans la quantité du tabac.

Les planteurs ont observé que lors de cette opération, la terre n'est pas ordinairement aussi friable qu'au moment de la plantation et que par conséquent la main n'y pénètre pas avec la même facilité; aussi ont-ils l'habitude de remuer les endroits à replanter avec la pointe d'une serpe, d'un couteau ou d'un bâton; ils reconnaissent pourtant qu'il vaut mieux se servir, pour cela, d'une truelle avec laquelle ils remuent et ameublissent mieux la terre, et qui remplit, pour ainsi dire, l'office de la main. Ils se servent également de la houe pour faire les trous.

Ils considèrent comme une bonne pratique à suivre, quand les plants ont péri en très-grande quantité, de revenir à un labour géneral en temps favorable et de replanter. Ce parti est surtout nécessaire à prendre lorsque ce sont des pluies trop abondantes qui ont été cause de ces destructions partielles ; car, si les plants n'ont pas péri en totalité, ils sont affaissés et l'on peut s'attendre à voir leurs racines malades. Dans cet état, ils ne sont plus susceptibles de végéter et de donner du bon tabac. Cette pratique est plus nécessaire encore quand la terre est très-serrée.

Les insectes qui sont les ennemis acharnés du tabac commencent à attaquer cette plante dès qu'elle paraît et obligent à replanter en tout ou en partie. Le limaçon et la sauterelle font surtout beaucoup de tort dès le moment de la transplantation. Le premier ronge la tige et imprime aux feuilles des taches couleur de rouille ; il ne tue pas ordinairement la plante, mais la rend malade et déprécie son produit. Les plants sur lesquels se montrent ces taches doivent être arrachés et remplacés par d'autres. On s'applique ensuite à chercher cet insecte, principalement le matin, parce qu'il se cache sous les mottes de terre aussitôt que le soleil commence à devenir chaud. Quant à la sauterelle, lorsque la tige est encore tendre, elle la coupe à fleur de terre ou un peu plus haut, la laissant quelquefois suspendue par un filament. Ce fait se reconnaît facilement, et quand le plant a pris, il jette ordinairement des rejetons. Dans ce cas, quand arrive le moment de sarcler, on a soin de ne pas laisser plus d'un rejeton qui peut quelquefois servir, mais dans cette incertitude, on fait sagement de placer à son côté un nouveau plant, car il n'y a pas d'inconvénient à ce que ceux-ci soient nombreux et épais, puisqu'il est plus facile d'arracher ceux qui gênent que de remplacer ceux qui manquent. Nous avons remarqué que les planteurs, dans le but d'augmenter leur récolte en profitant de la fertilité de la terre et de l'abondance des semis, ont coutume de faire des plantations qui ne sont point en rapport avec le nombre de bras dont ils peuvent disposer ; il en résulte qu'ils négligent de remplacer les plants qui manquent ou les remplacent trop tard, et alors, ils n'en trouvent plus d'assez grands ni d'assez forts pour atteindre et égaler les premiers. Ce système est nuisible, car s'il a pour but d'augmenter les revenus, chacune des opérations de la culture ne pouvant pas avoir lieu pour tous les plants en même temps, le travail en est augmenté et n'est jamais aussi bien fait ni aussi profitable. Les plants isolés sont différents de ceux qui sont entourés d'autres plants, parce que ces derniers se prêtent mutuellement appui et se préservent réciproquement de l'action du soleil et de la sécheresse. C'est pour ce motif que les planteurs recommandent de remplacer, en temps opportun, les plants qui manquent, de recommencer cette opération si c'est nécessaire, et de ne pas se laisser aveugler par le désir de gagner beaucoup, en plantant plus qu'il ne convient à ses forces. En le faisant, on s'expose à avoir ses plantations malades et remplies de limaçons; elles meurent d'ordinaire quand le moment d'enlever le bouton est arrivé.

Les espaces vides qui se produisent alors se couvrent d'herbes qui jaunissent le tabac restant; ces accidents et d'autres de même nature ne peuvent donner lieu qu'à de mauvais produits et à de chétives récoltes.

Nous terminerons cet article en parlant des animaux et des insectes qui détruisent le tabac.

Il y a des animaux qui mangent la feuille ou l'endommagent. Nous avons remarqué que les brebis surtout l'aimaient beaucoup, non pas seulement quand elle est verte, mais encore quand elle est sèche; elles mangent les capsules de la graine; et celles-ci, vertes ou sèches, sont aussi fort recherchées par les dindons.

Les grosses fourmis *bibi yaguas* détruisent les plants récemment transplantés.

Si elles se montrent seulement dans les premiers temps de la plantation, on préserve les plants en plaçant sur le chemin qu'elles suivent des feuilles de malanga ou d'autres qu'elles aiment. On fournit ainsi de l'aliment à leur voracité destructive, jusqu'à ce que la plante ait acquis de la vigueur, car alors, elles ne l'attaquent plus. Il en est de même de la sauterelle, qui cesse de ravager et de couper la tige dès que celle-ci s'est endurcie, ou qu'on la chausse avec soin. Il faut donc hâter cette opération aussitôt qu'on s'aperçoit de l'apparition

de cet insecte, d'autant plus difficile à détruire qu'il saute et
habile entre les mottes de terre.

SOINS A DONNER AU TABAC DANS LE CHAMP.

Un homme peut soigner, en travaillant avec zèle, douze ou
quinze mille plants. Il y a même des propriétés où chaque cultivateur en entretient de vingt à trente mille; mais alors les
sarclages et autres opérations de la culture ne se font jamais
à temps et ne produisent jamais du tabac de grande dimension,
sain et de bonne qualité. Il est vrai que lorsque l'année est
fertile, que les plants sont abondants, les repiquages partiels
peu nombreux, les pluies modérées, il y a moins de vers et
l'on obtient avec peu de travail de bonnes récoltes; mais quand
la température est très-variable, que le vent du sud ou du nord
règne avec un soleil ardent, des pluies rares, des nuits sereines
ou des rosées peu abondantes, la plante ne végète pas, se reco-
quille, les vers augmentent, les opérations se ralentissent, la
production est faible, le tabac petit, de mauvaise qualité et
souvent fort avarié.

Dès que l'on a terminé les repiquages partiels, il faut visiter
le tabac (c'est ce qu'on appelle le repasser); car, indépendamment du limaçon et de la sauterelle, ses feuilles sont attaquées
par le rosquilla et le mantequilla. Ces vers sont les moins nuisibles et les moins abondants; mais ils offensent cependant la
plante. On les trouve sur la tige ou au pied de celle-ci presque
à la surface du sol. Pour peu qu'il fasse sec, on voit apparaître
dans les terrains maigres le vorace cacbazudo, que nous
avons déjà décrit et dont nous avons fait connaître les inconvénients. La plante, quelle que soit sa taille, n'en est jamais
entièrement délivrée. Nous devons ajouter, si déjà nous n'avons
pas assez appuyé sur ce point, que, quand il se déclare pendant
la sécheresse, dont il est une conséquence presque inévitable,
il faut multiplier ses efforts, remuer et retourner la terre avec
la houe et chercher soigneusement l'insecte. Comme il mange
seulement la nuit, les planteurs lui font la chasse à l'aide de
torches composées de plantes ou de bois résineux.

Le cogollero a coutume de se faire sentir dès l'époque du semis. Selon la température, il abonde plus ou moins. Il se multiplie surtout pendant la sécheresse et lorsque les brouillards empêchent de le voir.

Après le cachazudo, c'est le ver qui fait le plus de tort aux feuilles, car, il les mange toutes, et pour peu qu'il ait touché aux bourgeons lorsqu'ils se développent et s'ouvrent, on y voit des trous qui s'agrandissent au fur et à mesure. Il nous reste à parler du primavera, ainsi appelé, parce qu'il se montre avec plus d'abondance aux approches de la saison du printemps. Les cultivateurs, quand ils le rencontrent dans les semis, y voient le pronostic d'une bonne et fertile récolte. Quoi qu'il en soit, comme le cogollero, il naît sur le tabac et s'en nourrit exclusivement; il mange à toute heure et grossit plus qu'aucun autre ver, de telle sorte qu'on en voit qui, cinq ou six jours après leur naissance, ont autant de pouces de long que de jours d'existence. Ils détruisent les plus beaux plants, car ils recherchent les feuilles très-développées. A partir d'avril, il abonde davantage et le tabac qui se coupe dans ce mois et dans ceux qui suivent éprouve de sa part un préjudice plus grand dans les cases ou tendales que dans les champs. Cette époque lui est favorable et quand il pleut, les cujes (1) en sont envahis; il faut visiter les feuilles et leur porter alors remède au moyen de fumigations qui étourdissent l'insecte et le font tomber; mais il n'en laisse pas moins le tabac fort avarié. L'invasion du primavera est un des maux propres aux plantations tardives et il contribue à faire donner la préférence aux plantations hâtives.

Dans la matinée, presque tous les vers sont sur la partie supérieure des feuilles. C'est, en conséquence, le moment le plus favorable pour visiter celles-ci; car, plus tard, ils cherchent à s'abriter du soleil; cependant, on peut faire cette chasse à quelque heure de la journée que ce soit, pourvu que le vent

---

(1) Perches de trois à quatre mètres de long sur lesquelles on fait sécher le tabac.

ne remue pas beaucoup les feuilles et n'empêche pas de les examiner dessus et dessous. Cette opération doit se répéter périodiquement jusqu'à ce qu'arrive le moment de couper le tabac. Les périodes sont plus ou moins courtes, selon que les chenilles sont plus ou moins abondantes. C'est pour cette raison que les planteurs disent que l'on cultive le tabac à la chaleur des mains.

Vingt jours environ après la plantation, on peut voir si la récolte sera bonne ou mauvaise. Quand la plante est d'un beau vert et à feuilles bien arrondies, quand la tige est robuste et croît promptement, les planteurs prétendent qu'elle va saisissant le sillon ou qu'elle a bon air ; si, au contraire, la feuille est d'un vert clair et est pointue, ou suivant leur expression, en forme d'oreilles de mule, c'est le présage d'une faible et chétive récolte.

Cependant, il arrive souvent que ces mauvais symptômes disparaissent dès qu'on remue la terre et qu'on la ramasse autour du plant.

ÉPOQUE DU PREMIER SARCLAGE. — MOMENT LE PLUS FAVORABLE
POUR LE SARCLAGE.

On doit sarcler pour la première fois un mois après avoir planté. Cette nécessité se fait sentir plus ou moins selon l'abondance et la hauteur des herbes. Il est fort important que le tabac en soit débarrassé, et surtout qu'il n'en soit pas atteint ou saisi. Il est possible qu'on soit dans l'obligation de hâter cette opération soit pour préserver la tige des atteintes de la sauterelle, soit pour ameublir la terre devenue trop serrée par suite des pluies. On ne doit pas se servir de la houe quand la terre est humide ou lorsqu'elle est en poussière et brûlante. Il faut donc le faire autant que possible dans les matinées ou à la chute du jour. On doit nettoyer toutes les herbes, écarter avec précaution du pied du plant la terre sèche qui s'y trouve, relever soigneusement avec la main gauche les feuilles et rapporter avec la houe, autour de la tige, de la terre humide, fraîche et friable. Cette opération produit un effet aussi salu-

taire que la pluie et si, quelques jours après, il tombe un peu
d'eau, la plante jette de nouvelles racines et se montre avec
une tige velue, grosse, tendre, transparente, des feuilles presque rondes et peu séparées les unes des autres. C'est encore là
le présage d'une bonne récolte.

DEUXIÈME SARCLAGE.

Quand le bouton de la fleur commence à se former, c'est le
moment d'un nouveau ou second sarclage. Plus tard, il ne
serait pas aussi profitable, parce que la tige s'est durcie et
qu'on serait exposé à endommager les feuilles qui ont beaucoup crû et se croisent.

TROISIÈME SARCLAGE.

Le second sarclage se donne comme le premier, et, d'ordinaire, il n'en faut pas d'autres. Quelquefois, cependant, lorsque
la végétation est en retard, on peut en donner un troisième.
Le troisième sarclage est toujours utile et devient nécessaire
si quelque forte averse a durci la terre; on remarque que chaque fois que l'on remue la terre, la plante jette de nouvelles
racines et les feuilles grandissent.

ÉCIMAGE OU ENLÈVEMENT DU BOUTON.

L'opération qui consiste à écimer la plante demande un soin
spécial et intelligent, parce que c'est alors que le planteur
fixe le nombre de mancuernas (1) que chacune d'elles doit conserver, car bien que toutes semblent égales en beauté, il y a
toujours entre elles des différences qui obligent à y laisser plus
ou moins de feuilles.

QUANTITÉ DE FEUILLES QU'IL FAUT LAISSER A LA PLANTE.

En temps favorable, on laisse six ou sept mancuernas, sans
compter celle du pied de la plante que l'on néglige, parce qu'en

---

(1) On appelle mancuernas la réunion de deux feuilles à un fragment de la tige.

touchant la terre, elle s'est salie et est de mauvaise qualité. Il ne faut même pas, quand on fait la coupe et qu'on veut mettre à profit ses feuilles, les mêler avec les autres. Dans les temps ordinaires, on laisse quatre ou cinq mancuernas; mais si la saison est sèche, on n'en laisse que deux ou trois; dans ce cas, la plante ayant moins d'élévation et toutes ses feuilles étant exposées à être souillées par leur contact avec la terre, la récolte est plus faible et ne produit que du tabac taché, gros et veiné et que l'on appelle le mauvais brisé.

L'opération de l'écimage doit se faire lorsque le bouton est encore enfermé dans les feuilles, c'est-à-dire lorsqu'il est encore dans sa caja (boîte), selon l'expression vulgaire des Espagnols. Il ne faut pas attendre que le tabac soit *vidé*, ce qui signifie que les dernières feuilles sont ouvertes et que le bouton s'est montré, car, s'il en était ainsi, les sucs de la plante se perdraient et le tabac ne vaudrait rien.

On écime en coupant le bouton avec l'ongle du pouce et l'extrémité de l'index, mais au moindre défaut de soin, chose très-commune chez les cultivateurs, les premières feuilles, qui sont extrêmement petites et tendres, sont atteintes ou mises en morceaux. Il arrive donc que la première mancuerna dite de la couronne, et dont les feuilles donnent le meilleur tabac, est endommagée par ceux-là même qui ont le plus grand intérêt à la récolter intacte.

Ainsi, l'opération de l'écimage est très-délicate et ne doit être confiée qu'à des personnes soigneuses. Il faut éviter qu'elle soit faite contrairement à ce qui se pratique ordinairement, par des cultivateurs qui, chaque fois qu'ils passent dans des pièces de tabac, éciment sans le moindre discernement, et font quelquefois plus de tort à la plante que les chenilles elles-mêmes.

Après l'écimage et quelquefois même avant, on voit sortir du pied de la plante plusieurs pousses qui croissent si rapidement qu'elles atteignent en hauteur la tige principale et d'ordinaire sont coupées après avoir reçu les mêmes soins qu'elle. Le tabac qu'elles produisent est de la même qualité, mais la

feuille est un peu plus étroite. Il ne convient pas d'en laisser
plus d'une et même il serait préférable de les couper toutes,
parce qu'elles privent la plante de la substance qui lui est nécessaire. Il se présente aussi des bourgeons à l'aisselle des
feuilles, ainsi que dans l'endroit où l'on a coupé le bouton.
On ne laisse pas croître ces bourgeons au delà de deux pouces,
parce qu'ils absorberaient les sucs au préjudice des feuilles.
Quand on parcourt les plantations, on coupe ces bourgeons et
on les jette. Cette opération doit-être faite au moins deux fois
avant la maturité et la coupe de la plante. Si la coupe n'a pas
lieu aussitôt après, et que les bourgeons du pied aient en le
temps de repousser, on les laisse afin de ne pas les mettre avec
les mancuernas sur les cujes (perches). Leur présence empê-
cherait les feuilles de se sécher aussi facilement et l'on ne
ferait que charger inutilement les cujes.

Nous avons dit que le tabac résistait bien à la sécheresse,
seulement il se ride, se contracte et végète avec peine. Dans
les terres légères et maigres, il jette plus vite sa fleur.

Les plants qui sont dans ce triste état se coupent à quatre ou
cinq pouces de terre, avant que la fleur ait paru. On courbe la
partie de la tige qui reste, de manière à ce que son extrémité
pénètre dans le sol. Si, après cela, il pleut, on voit sortir soit
de cette extrémité, soit du milieu, soit du pied de cette tige,
quelques jets, et quand ils ont acquis une certaine taille, on
en laisse un que l'on soigne. On parvient quelquefois, par ce
moyen, à convertir en rejetons et même en bon tabac, ce que
beaucoup de planteurs abandonnent comme perdu.

TABAC MALE.

Le tabac que l'on appelle tabac mâle a ordininairement les
feuilles étroites, de couleur vert foncé et tachées ou rubanées,
d'un vert plus foncé encore. Elles se rident, se gaufrent et sont
beaucoup plus épaisses que celles du tabac femelle. Ce tabac
est de nuance foncée et fort, quelquefois de bon goût. Certains
planteurs disent que les graines que donne le tabac mâle ne
sont point fécondées. D'après l'opinion des personnes éclairées,

il ne forme pas une espèce particulière. Elles pensent que c'est la même plante qui, par un effet de végétation qu'elles ne peuvent expliquer, change de nature; ainsi, on a vu une année toutes les plantations d'une *vega* qui d'ordinaire donnait un excellent tabac, se changer en tabac mâle, bien que les terres eussent été travaillées comme d'habitude avec le même soin et sans qu'on eût employé d'engrais artificiel. Les graines récoltées ont été semées et on a reconnu au tabac de l'année suivante toutes les qualités du tabac femelle.

On soigne et l'on cultive le tabac mâle comme le tabac femelle malgré l'infériorité de sa qualité et son rendement peu avantageux. On le reconnaît trop tard pour pouvoir le remplacer. Quelque égale que soit une plantation, on y voit, indépendamment du *machos* (tabac mâle), des parties qui se font remarquer par leur beauté, ce qui provient de la bonté du sol ou de l'influence des engrais.

Les vents forts brisent les feuilles de tabac, surtout si les plants sont très-serrés et avancés. Les vents froids ralentissent la végétation.

Le vent tourne quelquefois en totalité ou en partie presque toutes les feuilles. Dans ce cas, il faut les remettre dans leur position naturelle, car autrement, recevant le soleil du côté opposé, il s'y forme une croûte luisante qui les prive de leur souplesse, de leur couleur et de leur qualité, parce qu'elles mûrissent inégalement. Quelques feuilles aussi, par suite des pluies et de la qualité de la terre, se couvrent de quelques petites taches que l'on appelle à Cuba ajonjali et de quelques autres plus grandes. Mais ces taches n'étant pas de couleur de rouille ne déprécient pas beaucoup ces feuilles et ne s'opposent pas à ce qu'elles soient employées comme robes.

De même que la sécheresse contrarie la culture et lui est très-préjudiciable, les pluies excessives lui nuisent et la rendent également impossible. Nous avons déjà dit qu'une pluie trop abondante resserrait la terre et nuisait au développement de la racine. Lorsque l'eau s'amasse avec abondance au pied de la plante et que le soleil vient à l'échauffer, ses feuilles se penchent, sont noyées; elles semblent alors avoir été frappées d'apoplexie et périssent presque toujours; si, au contraire, les eaux ne sont pas retenues, elles l'entraînent on la renversent dans la boue. Si pourtant il survient une pluie fine qui la lave, elle se relève d'ordinaire et reprend de nouveau. Il arrive quelquefois aussi qu'une plantation de tabac bonne à couper est assaillie par un orage et que le planteur reconnaît qu'elle va être inondée. Dans ce cas, on la coupe entièrement avant que le fait ne se produise, même quand elle a été mouillée et n'a pas atteint toute sa maturité. On la met à sécher à l'ombre, sur des perches très-écartées les unes des autres et quoiqu'elle ne devienne jamais fort bonne, on réussit encore à l'utiliser. Il est remarquable que le tabac résiste mieux aux inondations quand il est petit.

COUPE DU TABAC.

Nous allons nous livrer dans cet article à l'examen de l'opération la plus importante de cette industrie agricole. Il s'agit de la coupe de la feuille qui est l'unique production de la plante.

Nous dirons tout d'abord que la bonne qualité et les garanties de conservation du tabac dépendent, en grande partie, des conditions dans lesquelles la coupe s'est opérée. C'est là une vérité que justifie l'infériorité des tabacs demandés, cependant par quelques fabricants de cigares et dont la coupe a lieu avant la maturité des feuilles, et dans quelque quartier de la lune que ce soit. Ces produits défectueux sont ceux désignés sous le nom d'injurié et autres de certaines couleurs.

Nous indiquerons ci-après les signes à observer et l'époque la plus favorable pour que cette opération donne au tabac-les qualités qui le font rechercher.

La sécheresse rend le tabac gros et les veines des feuilles plus prononcées; il devient sous son influence poilu et gommeux, tandis que l'eau trop abondante le lave, l'amincit et le détériore. Dans l'opinion des planteurs, le tabac mûr indique les phases de la lune : bien qu'il soit rendu au point voulu, ses couleurs s'altèrent selon ces phases et il passe d'une teinte jaune orangée à un vert marbré. Si on l'étire et l'étend, alors

il reste inégal au toucher et même à la vue, comme si la circulation des sucs s'était circonscrite et que la trop grande épaisseur des feuilles, le défaut de temps ou la saison ne lui aient
pas permis de les répartir également.

Quand les feuilles présentent cette apparence, le tabac n'est
pas bon à couper et les planteurs attendent qu'il reprenne sa
première teinte de jaune orangée, qui indique la maturité Sans
cette précaution, la feuille manquerait d'uniformité dans sa
couleur, de souplesse et de poli. Ils déduisent delà qu'il convient de la couper au déclin de la lune, parce qu'alors ses sucs
sont stationnaires, à moins pourtant qu'après un temps sec,
quelque pluie ne les ait remis en circulation. Dans ce cas, il
faut retarder la coupe de quatre ou cinq jours. Si la pluie continuait, il faudrait la retarder encore, alors même que le tabac
serait trop mûr, car, en le coupant pendant qu'il est dans cet
état de sève, ses sucs ne sont point également répartis et lorsqu'il est sec, il conserve la couleur verte que la pluie lui a fait
contracter, est veiné, sans souplesse ni consistance et a mauvais goût. Il est vrai qu'il donne alors moins de robes, parce
que beaucoup de feuilles ont les bords déchirés ou sont tachées
de rouille; mais le produit en est d'assez bonne qualité et acquiert de la couleur et de la saveur, tandis qu'en le coupant
pendant qu'il a de la verdeur, il ne rend pas de robes et est
de mauvaise qualité.

Quand le tabac est mûr, il présente sur ses feuilles des taches
d'une couleur jaune orangée; leur surface devient plus spon-
gieuse, elles se gonflent légèrement et se couvrent d'une espèce
de poussière dont les grains augmentent chaque jour de grosseur. Celui que l'on récolte dans cet état ne prend jamais la
couleur claire comme celui qui est coupé avant sa maturité.
Il est prouvé, cependant que s'il est coupé avant sa maturité et
dans la lune croissante, si le betun (1) qu'on lui donne après
l'opération du choix (2) est trop faible, si la couleur n'est pas

---

(1) Nous expliquerons ultérieurement ce qui constitue le betun.
(2) Cette opération sera décrite plus loin.

suffisamment foncée, si l'on a planté plus qu'on ne pouvait entretenir, on obtient un tabac inférieur et qui se pique avant d'avoir une année de fabrication.

Sur un même plant, on trouve des feuilles de différents dégrés de maturité et de différentes qualités. Les feuilles de la couronne ou supérieures mûrissent les premières et sont mieux nourries que les autres. C'est pour cela qu'autrefois, on ne coupait que les premières feuilles doubles, sauf à continuer à mesure que les autres atteignaient le même degré de force. On obtenait de cette manière des tabacs qui donnaient plus de robes que ceux d'à-présent.

Les anciens, non-seulement coupaient à des jours différents les feuilles doubles, mais quelques-uns poussaient encore plus loin leurs soins; ils séparaient, dès cette époque, ce qui devait servir de robes, de ce que les Espagnols appellent *tripes* (dedans), et comme ils savaient que les deux dernières *mancuernas* sont toujours de mauvaise qualité et se convertissent en tripes, même quand elles paraissent saines, ils coupaient celles de la couronne et les mettaient d'un côté et celles du milieu, les petites et les avariées, d'un autre côté; les travailleurs avaient soin, dans le champ même, de les placer sur des perches différentes. Les pilons (1) aussi étaient différents et toutes ces précautions étaient très-avantageuses au produit.

Aujourd'hui, on en est venu généralement à couper le même jour toutes les feuilles, et bien que l'on reconnaisse combien étaient judicieux les procédés des anciens, tous les planteurs, même les plus aisés et les plus intelligents, sont les premiers à les violer, entraînés qu'ils sont par le désir d'avoir de nombreux ballots à faire transporter sur les marchés, et par cette maxime répandue chez les planteurs, qu'il vaut mieux une forte récolte de qualité inférieure qu'une moyenne de bonne qualité.

Après avoir disposé les cases à tabac (on trouvera la description de ces cases à la page 195 et suivantes), les perches et les fourches qui doivent supporter ces derniers dans les champs,

---

(1) Nous expliquerons plus loin ce que c'est.

les cultivateurs les plus expérimentés coupent avec un couteau ou plutôt avec une serpette, au moment où le soleil est le plus ardent, le tabac qui a atteint sa maturité et qui se reconnaît aussi par un léger craquement de la feuille quand elle est serrée dans la main.

La coupe commence par les *mancuernas* de la couronne et ainsi de suite en descendant jusqu'à la dernière que l'on abandonne le plus souvent.

La *mancuerna* se compose ordinairement de deux, quelquefois de trois, de quatre ou de cinq feuilles, quand celles-ci sont petites. Elles sont liées ainsi que nous l'avons déjà dit par un tronçon de la tige qui leur a donné naissance. Les *mancuernas* sont placées par les coupeurs dans le champ, le dessous des feuilles tourné vers le soleil, afin que la chaleur de celui-ci et celle de la terre les fanent, et qu'elles ne soient pas brisées, quand on les relève pour les transporter.

On les y laisse le moins de temps possible, puis on les ramasse et les suspend une à une en les plaçant avec une certaine symétrie sur le bras gauche. On les dépose ensuite avec précaution sur les perches qui sont assez élevées pour que les feuilles qui pendent à droite et à gauche de celles-ci et ne sont soutenues que par leur point de jonction ne touchent pas la terre.

Elles sont placées le dessus des feuilles en dedans et assez près les unes des autres pour que les côtés de celles-ci soient en contact.

Les deux extrémités de la perche restent libres pour qu'on puisse les prendre. La chaleur du jour détermine le temps pendant lequel le tabac doit rester sur le sol après avoir été coupé, puis sur les perches dans le champ, sans être exposé à être chauffé ou brûlé; car, s'il l'était, il perdrait tout son mérite et pourrait à peine être employé pour l'intérieur des cigares.

Pour prévenir ces accidents, on interrompt la coupe pour charger le tabac et le faire transporter dans les cases. Cette opération est exécutée par deux hommes qui prennent deux perches par leurs extrémités et les placent sur chacune de leurs épaules, en évitant que les feuilles ne se touchent, car le frottement des unes contre les autres ne manquerait pas de les avarier. Ils déposent ces perches sur les appuis inférieurs de la case à tabac, en laissant entre elles un intervalle à cause de la chaleur que porte avec elle la plante sortant du champ.

D'ordinaire, on suspend la coupe quand le soleil n'est plus assez ardent pour faner les feuilles. Mais, quand elle est urgente, on la continue; seulement, il faut y mettre plus de soin, parce que le tabac, dans ce cas, se brise plus facilement.

Dès que, par la première coupe, le champ a été éclairci, ce qui reste mûrit plus vite et l'on répète l'opération plus ou moins de fois, selon la plus ou moins grande régularité avec laquelle on a planté. Mais, quand la végétation est uniforme, on enlève en deux coupes la plus grande partie du tabac. Si l'on en fait une troisième, ce n'est que pour récolter le produit des repiquages.

TABAC MÛR DE FORCE.

Par les temps de sécheresse, le tabac peut jaunir sans être mûr : c'est ce qu'on appelle tabac mûr de force. Il faut le couper même dans cet état; autrement, les tiges venant à se dessécher, tout serait perdu.

SOINS A OBSERVER APRÈS LA COUPE.

En plaçant les *mancuernas* sur les perches, on doit avoir égard au temps qui règne et à la dimension des feuilles. Si le temps est très-humide et si les feuilles sont grandes, elles doivent se toucher légèrement; si le temps est sec et si les feuilles sont petites, elles doivent être plus rapprochées les unes des autres. Dans tous les cas, l'on doit éviter qu'il y ait des intervalles entre les *mancuernas*, afin qu'elles ne tombent pas quand on élève ou qu'on baisse les perches.

Le tabac se coupe diagonalement. On laisse au-dessus et au-dessous des feuilles une portion de la tige telle qu'elle se présente, ce qui établit entre les *mancuernas* de notables différences.

Les appuis dans les cases à tabac sont superposés à des distances de trois quarts de mètre environ ; il en résulte que lorsque les feuilles sont grandes, elles touchent les biseaux des tiges des *mancuernas* inférieures et peuvent se déchirer. Pour éviter cet inconvénient, et afin que le tabac sèche plus vite, les travailleurs, après la première coupe, en font une horizontale, pour rejeter la portion de tige qui n'est pas nécessaire à la réunion des feuilles, bien que cette manière de procéder augmente et retarde un peu le travail.

Autrefois, les planteurs ne coupaient pas ainsi le tabac ; ils arrachaient les feuilles, les attachaient avec des fibres de peau de palmiste ou bien les enfilaient par la nervure principale pour les faire sécher. Bien que de cette manière on évitât l'opération ultérieure qui consiste à séparer les feuilles des tronçons de la tige, nous préférons la méthode moderne, car l'ancienne est très-longue quand on a à faire une forte récolte. Aujourd'hui, l'ancienne méthode est encore pratiquée, mais seulement pour les feuilles du pied qu'il n'est pas facile de couper comme les autres, parce que la tige y est quelquefois plus dure.

Les meilleurs planteurs recommandent la coupe horizontale, surtout quand le tabac est grand ; ils ne sont pas d'avis de récolter en laissant la tige entière, comme on le fait dans quelques endroits, car cette pratique est désavantageuse.

Le tabac varie beaucoup en hauteur, il s'élève après avoir été écimé à un mètre ou un mètre et demi et ses feuilles sont longues d'un quart de mètre à un mètre. Leur largeur est ordinairement du tiers de leur longueur ; il y a des feuilles qui sont aussi larges que longues. Les feuilles des rejetons et des *capaduras* dont nous allons parler sont plus étroites et plus pointues que celles des tiges ordinaires appelées tabac principal.

POUSSES OU CAPADURAS.

Le tabac, outre les bourgeons qu'il produit en plus ou moins grand nombre, selon la fertilité de la terre, et qu'il faut enlever,

13

donne naissance, dès qu'il est écimé, à d'autres pousses qui sortent du pied de la tige et qu'il faut également enlever, pour qu'elles n'absorbent pas les sucs nutritifs de la plante principale; on conserve pourtant un ou deux de ces rejetons, que l'on appelle *capaduras*, pour avoir des graines ou pour faire une autre récolte. On leur donne les mêmes soins qu'aux plants originaires, mais ils croissent plus vite et arrivent plus tôt à l'état de maturité. Quelques planteurs les laissent subsister dans toute la plantation et comme ils donnent à leur tour de nouveaux rejetons, c'est de ceux-ci qu'ils retirent la graine dont ils ont besoin.

Il est inutile de dire que le *capadura* est de majeure ou moindre bonne qualité, selon le temps qu'il a fait et les soins qui lui ont été donnés. Il subit les mêmes influences que les tiges principales. Leurs feuilles se distinguent de celles de ces dernières, non-seulement en ce qu'elles sont plus pointues, mais encore en ce qu'elles sont d'une qualité inférieure. En les fumant, on leur trouve peu d'arôme et un goût désagréable, aussi en fait-on très-peu de cas et n'en tire-t-on qu'un prix très-modique sur les marchés. Il arrive même que la vente en est impossible. C'est pour cela que la plupart des planteurs ne récoltent jamais les *capaduras* et ne les laissent venir que pour avoir de la graine.

GRAINE DU TABAC.

Les planteurs sont en désaccord sur le point de savoir si l'on doit préférer, afin d'éviter la dégénération, la graine provenant de la tige principale à celle des *capaduras* et même à celle des rejetons de ceux-ci. Ils croient, en général, que la beauté du tabac résulte plutôt du temps que de la graine; car ils ont observé que la même graine dans les mêmes terres a produit du bon et du mauvais tabac.

La plante, disent d'autres, étant indigène, il n'est pas admissible qu'elle dégénère. Mais il est une opinion qui, à notre avis, doit prévaloir, c'est que les graines, qu'elles proviennent de la tige principale, des premiers ou des seconds rejetons, sont toujours bonnes quand elles se sont bien développées et qu'elles sont nées d'une souche qui fleurit pour la première fois. Car on obtiendrait de mauvais résultats si, après avoir pris la graine de la plante originaire, on récoltait encore celle des rejetons. On ne porte aucun soin aux plants destinés à donner des graines. Celles des plantations dites hâtives sont considérées comme les meilleures, parce qu'elles produisent d'habitude des capsules plus abondantes et mieux remplies.

La graine est bonne à cueillir, quand les capsules qui la contiennent ont perdu la fleur et pris une couleur vert sombre. On coupe les tiges auxquelles tiennent ces dernières; on les attache par petits paquets que l'on met à sécher soit à l'ombre, soit au soleil. Quelques-uns les conservent ainsi jusqu'à l'époque des semis, d'autres extraient les graines des gousses et les gardent dans des sacs, des barils ou des flacons; mais il y a à craindre dans ce cas la fermentation.

CASES A TABAC.

Jusqu'à présent les cases à tabac ont été construites en bois et couvertes avec de la paille de canne ou des feuilles de palmiers. Elles diffèrent seulement en ce que les unes sont entourées en planches de palmier, ont des portes et fenêtres et un certain nombre de pièces, tandis que les autres ne sont pas disposées de la même façon et sont closes seulement au moyen de feuilles de palmiste, suivant l'état du tabac et les exigences du temps.

Les premières étant plus coûteuses, sont possédées par les planteurs les plus aisés. Les secondes appartiennent aux pauvres; les unes et les autres sont également exposées à ces incendies, résultats d'accidents ou de malveillance, qui, tous les ans, ruinent les familles.

On croyait autrefois et l'on croit encore aujourd'hui que les cases couvertes en tuiles ne reçoivent pas autant de tabac et ne lui sont pas aussi favorables que celles couvertes en paille; cependant, s'il est vrai que les cases en paille contiennent plus de perches depuis la sablière jusqu'au faîtage, parce que leur toit est plus élevé et a une pente plus rapide, il est également vrai que la capacité des autres est augmentée par la largeur qui existe depuis le sol jusqu'à la sablière et qu'elles sont moins exposées aux effets du vent et de la pluie.

Au fur et à mesure que le tabac se sèche, on élève graduellement les perches, de telle sorte que quand il arrive au-dessus des sablières, le plus souvent il est déjà sec.

Dès ce moment, on rapproche sur leurs appuis les perches et l'on va même jusqu'à les serrer les unes contre les autres, en les faisant monter toujours jusqu'au comble.

Par ce moyen, le tabac est entièrement préservé des vents et de l'humidité. La dissécation a eu lieu plus ou moins promptement selon le nombre d'interstices qu'on a laissés entre les planches de palmier ou les feuilles de palmiste dont les cases sont entourées, ou le temps pendant lequel les portes et fenêtres sont restées ouvertes. Elle a dépendu aussi de l'état de la plante elle-même et des vents plus ou moins secs qui ont régné.

Pendant que le tabac est sur les perches, il faut le surveiller avec une grande attention, car les vents forts et secs le contractent, le soleil le brûle et le tache, l'eau le pourrit et le défaut d'air l'échauffe et le moisit.

La capacité des cases est déterminée par l'importance de la véga (1). Elles ont, en général, 28 mètres de longueur, 11 à 12 mètres de largeur et 13 mètres de hauteur. Quand elles sont divisées, elles ont ordinairement de chaque côté cinq pièces de quatre mètres d'étendue chacune dans le sens de la longueur et qui sont séparées par un passage commun à toutes. On laisse également entre les pièces un intervalle d'un mètre. Chaque intervalle est pourvu à son extrémité latérale d'une grande fenêtre grillée et à coulisses. Une grande porte est percée à chacun des pignons et il y a des fenêtres au-dessus. Les poteaux sont longs de cinq mètres et demi, du sol aux sablières. Les toits sont faits des planches de palmier placées sur des chevrons solides et couverts soit avec des feuilles de guano blanc

____

(1) Propriété où l'on cultive le tabac.

ou de barrigona (1), soit avec des tuiles creuses et soutenues par contre-forts allant des sommiers au comble. Les appuis sont, ainsi que nous l'avons déjà dit, à trois quarts de mètre de distance les uns des autres et il y en a onze dans la hauteur de chaque pièce. Ils sont solidement cloués à l'exception des trois premiers qui, s'adaptant dans des mortaises faites dans les poteaux, peuvent s'enlever à volonté et fournir ainsi un espace libre pour l'opération du choix, la fabrication des ballots, le pilon et les autres travaux. Les cases sont bâties de l'est à l'ouest. Il faut éviter autant que possible que le soleil n'y pénètre. Pendant qu'il darde ses rayons sur les pignons, on doit tenir les portes et fenêtres fermées, et si les planches de l'entourage sont très-écartées, on les couvre extérieurement de feuilles de palmier de manière à ne donner accès qu'à l'air.

Dans une case comme celle que nous venons de décrire, on peut recevoir 2,000 perches à la fois, et comme tout le tabac ne murit pas en même temps, et qu'à mesure qu'il se sèche, on le fait monter sur les appuis supérieurs, on peut en faire entrer facilement jusqu'à 3 ou 4,000. Les perches sont des tiges d'arbre rondes et lisses, de cinq mètres de long et d'un pouce et demi à trois pouces de diamètre. Les meilleurs sont de yaya, de mayagua (2) ou de tout autre bois résistant.

A Cuba, les perches sont devenues si rares dans les forêts que les planteurs font sur leur vega des plantations de mayagua.

SOINS A DONNER AU TABAC DANS LES CASES.

Une heure ou deux après la coupe, on porte le tabac dans les cases.

Le lendemain, on rapproche les perches en les pressant les unes contre les autres. On les laisse ainsi deux ou trois jours pendant lesquels le tabac acquiert une teinte jaune clair uniforme. Aussi, appelle-t-on ces jours les jours de maturation.

---

(1) Espèce de palmier très-utile dont on peut avoir des graines à la Direction de l'Intérieur, à la Basse-Terre.

(2) On peut avoir de ces graines à la Direction de l'Intérieur, à la Basse-Terre.

Toutefois, si la fermentation est grande, cette pression ne doit pas durer plus de 48 heures. Cette pratique n'est pas générale, puisque certains planteurs prolongent cette pression pendant cinq ou six jours; mais on nous a fait remarquer que cette prolongation était nuisible au tabac, en ce qu'il se décomposait et contractait une mauvaise odeur. Nous concluons de là que trois jours de maturation sont suffisants dans les cas ordinaires; ce délai expiré, on écarte les perches en leur donnant le plus d'air possible.

S'il est besoin de faire monter les perches sur les appuis supérieurs, pour avoir de la place, cette opération a lieu le matin, parce qu'alors le tabac est moins cassant; si, parmi les feuilles, il y en avait déjà de sèches et que l'opération eût lieu dans le courant du jour, le moindre choc pourrait les briser.

Pour changer les perches de place, deux hommes montent sur les appuis, en dehors de chaque pièce, et c'est à cause de cela que l'on ménage les intervalles qui les séparent les unes des autres.

Lorsque le tabac est sec, il est très-sensible aux variations atmosphériques; c'est un véritable baromètre. Il faut donc, s'il vient à pleuvoir, fermer la case. D'un autre côté, si les pluies continuent et que celle-ci soit pleine et manque d'air, la moisissure s'empare quelquefois du tabac. Il peut être atteint aussi par l'échauffure qui est un commencement de putréfaction et dont on s'aperçoit immédiatement par la mauvaise odeur qu'elle répand. On peut remédier à ces accidents.

Quand il y a de la moisissure et que le temps pluvieux continue, on allume au-dessous des perches des feux qui produisent beaucoup de fumée. On se sert pour cela de bâtons de maïs ou de bois bien sec. On peut aussi passer le tabac au soleil. L'échauffure se dissippe en écartant les perches, en faisant aussi des feux et en ayant soin de tenir les portes et les fenêtres ouvertes pour que l'air se renouvelle. Si cette putréfaction continuait, le tabac serait entièrement perdu ou couvert de taches noires.

Le tabac sec est placé à la partie la plus élevée de la case où l'on rassemble les perches les unes contre les autres, afin, non pas de laisser libre la partie inférieure, mais de la préserver des influences continuelles de la température.

Quand la récolte est terminée, elle se trouve toute entière sous comble et y reste hermétiquement enfermée jusqu'au moment de l'empilement.

Il peut se faire que la tige reste verte quoique le tabac soit sec. Dans ce cas et surtout si le temps est humide, il faut bien se garder de trop rapprocher les perches ou d'empiler le tabac. Il faut même, pour éviter la moisissure, enlever les morceaux de tige et les plus grosses nervures des feuilles, puis former avec celles-ci des paquets que l'on attache avec des filaments de palmier ou que l'on enveloppe avec la feuille de cet arbre.

On les garde ainsi jusqu'à ce qu'on puisse faire l'opération du choix; car elles n'ont pas besoin d'être empilées. On traite de la même manière le tabac tardif; seulement, si déjà le tabac hâtif a été empilé, on le place sans l'attacher sur celui-ci et on le couvre de feuilles de bananier ou de palmier.

Telle est la manière de faire sécher le tabac et de le soigner dans les cases; mais, on ne peut pas toujours la suivre à la lettre. Quand la récolte est abondante et qu'on a beaucoup à couper à la fois ou bien que le tabac a été planté tardivement et qu'on craint la saison des pluies et l'échauffure, il faut alors l'exposer au soleil, opération laborieuse dans laquelle il souffre et s'altère beaucoup, mais qui devient indispensable pour le sauver. Dans ce but, on établit des *tendales* auprès de la case à tabac dans un lieu où le soleil donne toute la journée. Les tendales consistent en de fortes fourches d'égale hauteur enfoncées en terre et à égale distance et formant deux parallèles de la largeur des pièces de la case à tabac et suivant le même sens qu'elle.

On lie ces fourches entre elles au moyen de quelques rangées horizontales de gaules solides sur lesquelles on pose les perches de tabac qui ne se touchent pas, mais qu'il ne faut pas séparer par des intervalles trop grands, afin que le soleil n'atteigne que les tiges et la partie supérieure de la feuille, en épargnant ses extrémités qu'il ne manquerait pas de brûler.

C'est le matin qu'on porte le tabac aux tendales, et on le reporte le soir dans la case, afin de le garantir du serein. L'on continue ainsi pendant six ou dix jours et plus si c'est nécessaire.

La dissécation n'est jamais complète après l'exposition sur les tendales ; c'est seulement un moyen de la hâter.

Quand le tabac est à moitié vert et qu'il est atteint de l'échauffure, il faut aussi l'exposer au soleil, mais s'il était sec, il ne faudrait pas le faire, car il serait perdu.

Nous avons déjà indiqué que le tabac tardif qui se récolte à partir d'avril, bien qu'il arrive des champs dans les cases sans avoir été attaqué par les chenilles, est très-propre à engendrer la primavera. En effet, selon l'opinion générale, toutes les chenilles qui mangent le tabac proviennent des œufs de différentes espèces de papillons dont l'éclosion a lieu surtout au printemps.

Il nous a été rapporté qu'un propriétaire de la Vuelta-Abajo (Cuba), avait gardé 800 perches de tabac récoltées l'année précédente et qu'il n'avait trouvé que les nervures des feuilles dont les autres parties avaient été dévorées par une multitude de primaveras qui, dans leurs mouvements de destruction, produisaient le même bruit qu'une averse. Le tabac était dans un tel état qu'il fut jeté.

On peut diminuer ces sortes d'invasions auxquelles est exposé le tabac tardif, en le mettant au soleil et en le visitant tandis qu'il est sur les tendales ; quoi qu'il en soit, on ne parvient jamais à détruire complétement la chenille. Si les pluies ne permettent pas l'exposition au soleil, cette visite se fait dans les cases mêmes. Si la chenille est très-abondante, on allume du feu sous ces perches et on l'expose à une fumée assez épaisse pour qu'elle en soit étourdie et tombe à terre. Même en recourant à tous ces moyens, la primavera continue toujours à manger le tabac et il est très-difficile de la détruire entièrement. Elle laisse toujours les feuilles plus ou moins trouées et déchirées.

EMPILEMENT DU TABAC.

On empile le tabac dans le but d'obtenir une seconde fermentation qui doit en régulariser la couleur et diminuer les principes glutineux qui lui seraient restés.

On procède à cette opération de la manière suivante :

Dès qu'arrive le mois d'avril et que la saison des pluies approche, le tabac est en tout ou en partie sec et réuni à la partie supérieure de la case ; alors, l'on consacre une ou deux pièces à la formation de ce que les Espagnols appellent les pilons. On y range sur le sol des polisses, sorte de bûches, qui soutiennent un plancher assez élevé pour que les inondations ne puissent l'atteindre et assez solide pour supporter un poids considérable. On place sur ce plancher des feuilles sèches de bananiers ou de palmiers, et l'on en fait, sur trois côtés, une palissade assez élevée.

Les choses ainsi préparées, on attend que le tabac soit arrivé à cet état que l'on désigne sous le nom de blandura (souplesse). On baisse sur les appuis inférieurs les perches que l'on espace les unes des autres. On ouvre la case pendant la nuit et de grand matin lorsque le tabac a acquis assez de blandura pour pouvoir être empilé. Avec les deux mains, on le rassemble par les tiges sur la partie supérieure des perches. On en forme des paquets réguliers que l'on transporte au pilon dans lequel on les range de manière à ce que ceux du fond touchent la palissade par les tiges.

Cette première rangée faite, on en commence une seconde, en plaçant les paquets en sens contraire, les feuilles superposées dans la moitié de leur longueur. Dans cet ordre, on donne à la pile l'élévation que l'on veut, en la tassant au fur et à mesure avec les mains pour qu'elle soit bien égale et bien d'aplomb et qu'elle ne puisse pas tomber. On forme ainsi toutes les piles du pilon. Il en contient ordinairement quatre ou cinq. Il faut avoir soin que les tiges soient en contact avec les tiges.

Quand on a plus de tabac qu'on n'en peut empiler en une matinée et que, le jour s'avançant, les feuilles perdent de leur moelleux et de leur flexibilité, on suspend l'opération pour la reprendre en temps opportun. Mais on conseille de couvrir dans l'intervalle le tabac empilé avec des feuilles sèches de bananiers ou de palmiers. Quand on reprend l'opération, on range le tabac sur des planches qu'on a mises à la place de celles-ci jusqu'à ce qu'on arrive à une hauteur proportionnée. Alors, on palissade le devant du pilon, on le couvre avec soin et l'on tient fermée la case où il se trouve. Quelquefois, il arrive qu'on s'abstient de faire cette quatrième palissade, mais, au dire des planteurs, le système contraire est préférable.

Ils ajoutent que ce qui importe avant tout, c'est que la feuille ne soit pas passée de *blandura*, expression qu'ils emploient pour désigner l'excès d'humidité qu'elle peut acquérir, car, alors, elle serait exposée à pourrir. Si, au contraire, la blandura est insuffisante, le tabac reste sec et ne fermente jamais. Le pilon doit avoir deux mètres ou deux mètres et demi d'élévation, pour que le tabac du dessous ne soit pas trop pressé. Cette règle est à observer avec d'autant plus de soin qu'il aura pris plus de blandura. La meilleure pratique à suivre est d'employer dans un pilon le tabac contenu sur mille perches, récolté en même temps et de même qualité.

Quant aux capaduras, on les empile également, mais sans les mêler avec le tabac principal. Quand ils sont en petite quantité et qu'ils ont la blandura suffisante, on leur enlève la tige et les grosses nervures, travail qui a lieu la nuit ou de de très-grand matin. On les empaquette ; on leur donne le betun; on les met en manoques et ensuite en ballots.

Si l'on a récolté des feuilles du pied de la plante, on s'en occupe avant de songer à celles des capaduras, mais on ne les empile pas.

Le tabac reste empilé aussi longtemps que l'on veut. Le plus fréquemment, ce temps est de la durée de celui que les planteurs emploient à semer leur maïs et leur riz, c'est-à-dire d'un mois et demi à deux mois. Ils arrivent à faire le choix en juillet et août.

CHOIX ACTUELS.

Ce point est de ceux auxquels les vegu[e]ros s'attachent le plus dans le but d'élever l'industrie du tabac à sa plus grande et plus lucrative perfection.

Avant de commencer les choix, on fait, avec l'enveloppe du palmier, deux grandes boîtes destinées à recevoir le tabac sortant du pilon. On en fait ensuite autant de plus petites qu'il y a de qualités dans le tabac que l'on va trier.

On prépare également le bac où l'on compose le betun et le moule à ballots. On a soin de tenir prêt le mahault, arbre avec les fibres duquel on attache les manoques et les ballots.

Les choix commencent par les capaduras s'ils sont empilés et qu'ils n'aient pas déjà été préparés comme nous l'avons indiqué. On passe ensuite aux feuilles inférieures dites du pied, si elles ont été séparées des autres pendant la coupe. Cette priorité est donnée aux qualités inférieures, parce qu'elles perdent à rester longtemps dans le pilon.

La veille au soir du jour où l'on doit commencer les choix, on ouvre le pilon et on retire la quantité que l'on peut trier. On la répartit en tas sur des peaux de palmiste, proportionnellement au nombre des travailleurs dont on dispose et l'on referme le pilon. Si le tabac a perdu de sa souplesse et de son élasticité, on l'étend et on l'expose même au serein, afin qu'il puisse recouvrer ses qualités avant qu'on ne commence l'opération qui a lieu la nuit ou le matin de très-bonne heure et qui consiste à détacher une à une les feuilles des tiges et à les ranger en paquets légèrement attachés avec des fils de palmiste.

Si le temps est sec et que le tabac a peu d'humidité, on le maintient enveloppé dans des feuilles vertes de bananiers, et dès que le jour se fait, on le choisit et on le place dans les différentes petites boîtes qui lui sont destinées.

Dans la pratique générale, on désigne comme suit les différentes qualités de tabac : livre, injurié de 1ʳᵉ, injurié de 2ᵉ, que l'on appelle aussi injurié bon ; injurié de 3ᵉ, de 4ᵉ et de 5ᵉ ; quelques-uns vont même jusqu'à créer une sixième classe à laquelle ils donnent le nom de pajurria ou tabac à jeter. Dans cette classification n'est pas compris le brisé (quebrado), que certaines personnes divisent en deux qualités, donnant au plus sain et au meilleur le nom de brisé propre. Ce tabac ne rentre pas dans les ventes ordinaires car les vegueros le conservent pour leur usage personnel. Dans quelques vegas, les planteurs mettent à part les feuilles remarquables par leur dimension et leur qualité. On nomme celles-ci simplement *la feuille;* on en fait un ou quelques paquets ou manoques, qui, quelquefois, servent à faire des cadeaux. L'un deux est envoyé au curé, sous le nom de manoque de la vierge, parce que le produit en est destiné au culte de la mère de N. S. J. C.

La livre est le tabac le plus fort, de couleur foncée, lisse, luisant, doux au toucher, sans taches, sain surtout à l'extrémité de la feuille, qui est au moins d'un demi-mètre de longueur et peut rendre six ou sept robes de cigare de type ordinaire; l'injurié de première est de même dimension que la livre et même plus grand, mais est moins fort et présente quelques petits défauts dans telle ou telle partie de la feuille. L'injurié de seconde est un peu plus petit que celui de première, sa qualité est la même ou de très-peu inférieure; l'injurié de troisième est plus lacéré, mais on exige que chaque feuille puisse donner au moins deux robes; l'injurié de quatrième sert pour l'intérieur des cigares et peut même fournir quelques robes; l'injurié de cinquième ne peut servir que pour l'intérieur des cigares, car il se compose de feuilles petites et brisées et de qualité inférieure. L'injurié de sixième s'écrase pour ainsi dire au toucher et ne peut être emmanoqué qu'en l'exposant à l'humidité. Il brûle très-rapidement et ressemble plutôt à de la paille; enfin, le brisé (quebrado) se compose des feuilles de première qualité qui, par suite de leurs nombreuses avaries, ne peuvent faire partie de la livre. Ce tabac est le plus estimé par les fumeurs.

Tout le zèle et la vigilance qui d'ordinaire manquent aux planteurs de tabac pendant les travaux de la culture sont apportés dans les choix, afin que l'acheteur satisfait puisse accorder un bon prix. Le choix est regardé comme une branche à part de l'industrie et exige une connaissance toute spéciale. Cela est si vrai qu'il existe une classe d'individus appelés faiseurs de choix ou *repasseurs*. Beaucoup de planteurs n'hésitent pas à confesser qu'ils n'entendent rien à cette opération et payent pour la faire faire. Elle ne se fait que sur les qualités supérieures. Mais, préalablement, l'on voit dans la case des individus occupés seulement à balayer et épousseter les débris de tabac et les ordures, à ouvrir les feuilles ; d'autres qui séparent les *cinquièmes* des *quatrièmes ;* d'autres les *troisièmes* des *secondes*, chacun réservant au repasseur les feuilles qui paraissent supérieures ou qui semblent douteuses, afin que celui-ci classe les *livres, les premières, le brisé, etc.* Ils ouvrent, étirent, examinent feuille par feuille, la regardent de face, de côté, par en haut, par en bas. Dans l'opération du choix, chaque feuille passe par un certain nombre de mains.

Qu'on se figure le tableau que présente une case ou une grande pièce pleine de gens assis sur des banquettes ou sur le sol avec leur tas de tabac entre les jambes et à leurs côtés les qualités déjà séparées. Ces derniers tas repassés par le maître ou le géreur sont successivement recueillis et placés dans leurs casiers respectifs. Dans le lieu le plus éclairé domine le repasseur tantôt tournant et retournant telle ou telle feuille dont la qualité est douteuse, tantôt l'étirant, tantôt la flairant, tantôt regardant la lumière au travers, tantôt la mesurant en l'appliquant de la pointe des doigts au coude.

Selon le nombre des travailleurs dont on dispose, on emballe le tabac choisi une ou deux fois par semaine, ce qui se fait le matin de bonne heure. Il ne convient pas de commencer cette dernière opération avant d'avoir préparé une assez grande quantité de manoques pour faire au moins six balles. D'avance aussi, on a préparé le betun que l'on doit donner au tabac. Le betun n'est autre chose qu'une infusion faite à l'eau froide (l'eau de pluie ne convient pas ; on prétend même qu'elle nuit) de feuilles de tabac prises parmi celles qui ne sont bonnes à rien et même de tiges ou de côtes.

DU BETUN.

Le betun agit sur le tabac comme le levain sur le pain. Il

lui occasionne une fermentation prompte et complète. C'est
lui qui donne au vieux tabac bien préparé cette agréable saveur
qui plaît tant. On donne à cette infusion le degré de concentration que l'on veut. L'habitude est de la faire de manière
qu'elle ait la couleur rouge foncée du vin commun. Quelques
personnes pensent que quand la feuille est très-mince et de
qualité inférieure, le betun très-concentré lui enlève tout son
parfum. D'autres croient que ce n'est pas la concentration,
mais la quantité de betun employé qui préjudicie dans ce cas.
Ce qu'il faut surtout examiner, c'est l'état d'humidité plus ou
moins grand du tabac. Suivant cette humidité, il faut l'arroser
plus ou moins de betun. En général, le tabac corsé et venu
dans un terrain gras exige beaucoup de betun, tandis que le
tabac à tissu fin récolté dans une terre légère et sablonneuse
n'en doit être que très-peu arrosé. Lorsque la saison a été
sèche, il faut aussi donner au tabac plus de betun qu'à celui
venu par un temps très-pluvieux. Le betun à la propriété,
disent les vegueros, de manger le tabac.

Beaucoup de fabricants font l'infusion un certain nombre
de jours à l'avance, afin qu'elle puisse se corrompre, lui sup-
posant en cet état une vertu plus grande.

D'autres sont d'avis que cette pratique est erronée et préjudiciable. Quand le betun est parvenu à ce degré de décomposition, il a perdu sa couleur dorée qui annonce que les côtes
et les feuilles ont déposé dans l'infusion leurs sucs substantiels,
sucs auxquels on attribue la propriété de donner au tabac plus
de couleur, de goût, d'arôme et de conservation. Quand l'infusion a passé à l'état putride, il n'en sort qu'un liquide décomposé, sale et fétide ; conséquemment, bien que la mauvaise
odeur se dissipe, le tabac ne peut avoir tiré de cette infusion
aucun avantage. Peut-être même lui est-il nuisible de recevoir
le liquide empesté. Convaincus de tout ce que ce mode a de
désagréable et de désavantageux, les meilleurs vegueros recommandent de faire le betun deux ou trois jours avant de l'employer et de lui donner la concentration la plus forte que puisse
supporter le tabac.

Cette opération se fait tant pour assouplir le tabac, que pour lui donner, ainsi que nous l'avons dit, plus de couleur, de goût, d'arôme et de conservation.

Avant de donner le betun au tabac, on le met en bottes que l'on attache le plus près possible de l'extrémité des pétioles des feuilles avec une autre feuille d'une qualité quelconque. Pour le tabac qui doit servir à l'intérieur des cigares, il est d'usage de former les bottes avec autant de feuilles qu'il en peut tenir dans le cercle formé par l'index et le pouce de la main gauche. On peut juger de l'irrégularité qui doit résulter de cette pratique, si l'on considère combien la mesure est différente chez les différentes personnes qui s'occupent de botteler le tabac. A partir des troisièmes, les feuilles se comptent une à une; on met de 38 à 40 feuilles des troisièmes par bottes, 35 de seconde, 30 de première et 25 de la livre ou de brisé. Les vegueros soigneux ont coutume de ne pas botteler les feuilles dites livres, brisé et premières, avant le betun, afin qu'elles puissent le recevoir également.

Quant aux classes inférieures à celles-ci, pour leur donner le betun, on place les bottes ou manadas les unes à côté des autres sur des peaux de palmiste humectées de l'infusion, on les range en carré, en cercle ou en rectangle, avec les pétioles des feuilles en dehors; puis, avec une éponge fine, on les arrose avec la quantité de betun convenable.

On doit avoir soin, en composant les figures dont nous venons de parler, d'ouvrir les bottes le plus possible. Sur cette première couche on en élève une autre que l'on traite de la même manière, après avoir arrosé les bottes une fois de chaque côté ou plus souvent si c'est nécessaire. On élève ainsi une pile qui peut atteindre et même dominer l'homme chargé du betun et qui doit, de temps en temps, presser avec les mains les couches déjà placées. On procède de la même manière pour les autres piles des différentes classes et on les recouvre ensuite, pour les préserver du vent, avec des feuilles vertes de bananier. Les piles restent en cet état 10 ou 12 heures ou enfin jusqu'à ce que le betun ait pénétré toutes les feuilles. On commence alors l'emmanoquage, opération que l'on réserve ordinairement pour la nuit ou le matin de très-bonne heure, de telle sorte que le tabac que l'on doit emballer ait reçu le betun dans la matinée du jour précédent.

On met le tabac en manoques (1) en prenant régulièrement quatre paquets par les pétioles des feuilles ; on les assujettit entre les genoux ou les cuisses et on lie ces paquets au moyen d'un fil de mahault mince et qui, comme nous l'avons dit, doit avoir été préparé à l'avance et mis en pelottes. Une fois les pétioles attachées, on soulève les paquets que l'on soutient entre le corps et le bras gauche ; on caresse de la main droite les feuilles ; on les étire ; on les arrange et les dispose de manière à ce que le dessus soit placé en dedans. On fait en même temps tourner la manoque, et avec le fil on la serre légèrement et également jusqu'en bas et l'on remonte ensuite de bas en haut.

Les spathes de palmier dont on se sert pour emballer doivent avoir été exposées la nuit précédente au sérein, afin qu'elles soient plus souples. On place transversalement trois lanières doubles de mahault, dans le fond du moule qui a 75 centimètres de largeur. Il est formé, sur deux des côtés, de quatre pièces très-fortes, ayant aussi 75 centimètres ou un mètre de hauteur et séparées les unes des autres par un intervalle de 25 centimètres, afin que la balle qui en sort ait à peu près trois quarts de mètre carré. Sur les lanières de mahault, on pose deux spathes de palmier dont les extrémités se croisent et qui sont assez longues et assez larges pour occuper tout le fond du moule et être relevées sur chacun de ses côtés et au-dessus.

En dedans des pieux, on place perpendiculairement deux autres spathes de palmier qui se recourbent sur le fond du moule, ainsi qu'au-dessus, sous celles des deux autres côtés.

---

(1) On trouvera à la Direction de l'Intérieur 37 manoques de différentes qualités, ainsi qu'une petite quantité de feuilles de tabac non préparées.

Dans cette caisse ainsi construite, les manoques sont bien régulièrement placées par deux hommes, en piles dont les deux premières rangées sont formées chacune de treize et la troisième de quatorze manoques pressées avec force.

Il en résulte que chaque balle contient quatre-vingt manoques dont les pointes sont toutes dirigées vers le centre. On replie ensuite les spathes que l'on serre avec les lanières de mahault qui se trouvent entre chacun des pieux. Un homme de chaque côté tire sur les lanières; un troisième, monté sur la balle, les attache ensemble. Quand celle-ci est retirée du moule, on égalise ses faces et réunit au-dessus et au-dessous les lanières entre elles au moyen de leurs extrémités.

On consolide assez la balle pour qu'elle puisse résister aux différents transports qu'elle est appelée à subir. La balle de livre ne contient que 60 manoques. Il en est de même de celle de brisé. La balle de capadura contient quelquefois jusqu'à 90 manoques.

Les balles achevées, on les met au soleil ou à l'air, afin, que les spathes de palmiers perdent leur humidité. Sans cette précaution, elles se moisiraient et pourriraient le tabac. On marque les balles d'un signe convenu et on les emmagasine sans en placer plus d'une sur une autre, parce que si l'on en faisait des piles plus élevées, elles se défonceraient et s'applatiraient.

Quand le choix est terminé, on forme de toutes les feuilles qui restent une grosse manoque que l'on nomme *cochinata*.

En rapportant avec tous les détails, les modes de culture et de préparation du tabac, suivis par les vegueros de l'île de Cuba, nous n'avons eu qu'un but, c'est de faire mieux apprécier une branche d'industrie agricole qui est appelée à occuper aussi un rang élevé dans l'avenir de notre pays. Si nos concitoyens trouvent dans notre relation quelques enseignements utiles, et que l'Administration satisfaite, veuille bien nous autoriser à mettre en pratique, sous ses auspices, les études auxquelles nous nous sommes livré, nous nous trouverons suffisamment dédommagé des fatigues et des peines que nous a occasionnées notre voyage.

Les terres apportées par M. Huard-Lanoiraix et provenant de l'une des vegas les plus riches de la commune de Consolation du sud de Cuba, ont été, par l'ordre de M. le Gouverneur, analysées par M. Cavalier, chef du service pharmaceutique de la Guadeloupe.

Ce chimiste a établi de la manière suivante la composition de 100 parties de terre desséchée à la température de 100°, afin de lui enlever toute l'eau hygroscopique.

Matières organiques	4,60
Oxide de fer	15,25
Alumine	7,00
Silice	72,35
Traces de chaux (à l'état de silicate) et perte	0,80
	100,00

M. Cavalier a dosé la quantité d'humine et d'acide humique contenue dans les 4,60 de matières organiques et il a obtenu :

Acide humique	2,345
—— humine	0,590

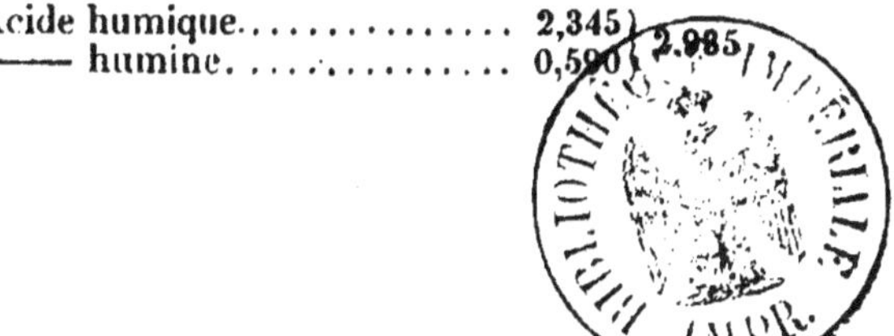

TABLE DES MATIÈRES.

Pages.

Note sur la culture du tabac. — Ses divers produits et le mode de fabrication mis en usage à la Guadeloupe................... 1

Culture et préparation du tabac à l'île de Cuba, par M. Pomey, propriétaire......................... 12

Culture et préparation du tabac dans la province de Varinas (Venezuela)......................... 15

Note sur la culture du tabac, par M. Royer, vétérinaire du gouvernement à la Guadeloupe......................... 23

Méthode de cultiver et de préparer le tabac, d'après l'ouvrage du Père Labat......................... 24

De la culture et de la préparation du tabac dans l'île d'Haïti...... 31

Lettre relative à la culture du tabac, adressée par M. Groning, négociant et cultivateur à Richemond, à M. le Consul de France en cette ville......................... 37

Les Colonies et le tabac, par M. Victor Humbert. (Extrait de la *Revue coloniale* de décembre 1858)......................... 39

Note sur la culture du tabac, transmise à l'Administration par le département de l'Algérie et des colonies......................... 64

Manuel du Veguero (planteur de tabac), traduit de l'espagnol par M. Féreire de Saint-Antonin......................... 69

Question des tabacs du cru de la Guadeloupe, au sujet des envois faits à l'Exposition permanente des produits de l'Algérie et des colonies par le pénitencier des Saintes et par MM. Chaulet et Huard-Lanoiraix......................... 125

Note sur les tabacs de la Guadeloupe adressés au concours agricole de 1860 par MM. Chaulet et Sainte-Croix de Marsan........ 130

Instructions générales sur le tabac......................... 133

Instructions supplémentaires sur la culture du tabac............... 137

Note sur les tabacs de M. Chaulet, envoyés par l'Administration de la Guadeloupe, et analysés au laboratoire de l'Exposition....... 141

Copie de la dépêche ministérielle du 20 mai 1861 à S. Exc. le Ministre des finances, au sujet des tabacs envoyés par les colonies de la Guadeloupe et de la Guyane pour la manufacture impériale de Paris... 144

De la culture du tabac à Java.................................. 146

Extrait d'un rapport sur la culture et la préparation du tabac à l'île de Cuba, par M. Huard-Lanoiraix........................... 158